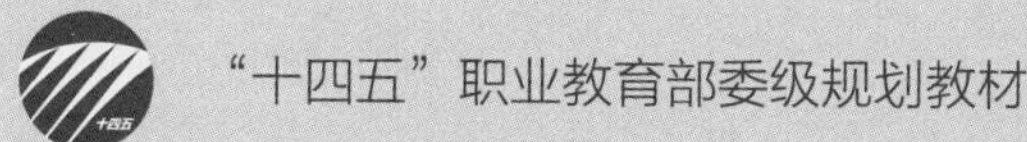
“十四五”职业教育部委级规划教材

服装流行趋势研究与应用

李 填 周婷婷 李妍卓 编著

FUZHUANG LIUXING QUSHI
YANJIU YU YINGYONG

中国纺织出版社有限公司

内 容 提 要

本书以流行趋势、趋势与款式的关系以及流行趋势下的款式应用为介绍重点，详细阐述了流行趋势的分类、收集方式以及转化为设计产品的过程中款式与流行趋势的应用联系。同时，还配以实际案例，更深入地分析了趋势和款式在服装设计中的具体表现和运用。

全书图文并茂，内容翔实丰富，图片精美，针对性强，具有较高的学习和研究价值，不仅适合高等院校服装专业师生学习，也可供服装从业人员、研究者参考。

图书在版编目（CIP）数据

服装流行趋势研究与应用 / 李填，周婷婷，李妍卓编著 . -- 北京：中国纺织出版社有限公司，2022.11

“十四五”职业教育部委级规划教材

ISBN 978-7-5229-0018-6

Ⅰ . ①服⋯ Ⅱ . ①李⋯ ②周⋯ ③李⋯ Ⅲ . ①服装－流行－趋势－职业教育－教材 Ⅳ . ①TS941.12

中国版本图书馆 CIP 数据核字（2022）第 204072 号

责任编辑：李春奕　施　琦　　责任校对：王蕙莹
责任印制：王艳丽

中国纺织出版社有限公司出版发行
地址：北京市朝阳区百子湾东里 A407 号楼　邮政编码：100124
销售电话：010—67004422　传真：010—87155801
http://www.c-textilep.com
中国纺织出版社天猫旗舰店
官方微博 http://weibo.com/2119887771
天津千鹤文化传播有限公司印刷　各地新华书店经销
2022 年 11 月第 1 版第 1 次印刷
开本：787 × 1092　1/16　印张：11
字数：165 千字　定价：69.80 元

前言

PREFACE

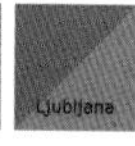

随着科学与技术的进步，艺术的设计方式也在不断发展，人类用服装表达自我、修饰自己，在这个信息飞速传播的时代，服装正冲破传统形态的禁锢，以千姿百态的形式表现出来。服装设计生产的过程，也是设计者对着装者进行艺术表达和寻求审美认同的过程，而着装者也正是通过服装的选择，达到与设计者在艺术风格和审美情趣上的默契与沟通。

本书以“趋势研究与应用”为视角，详尽地解析了服装流行趋势，详细阐述了流行趋势的分类、收集方法、趋势与款式之间的深度关联，解读了产品设计过程中款式与流行趋势的实践应用。通过大量的品牌案例，描述了流行趋势与款式之间的审美黏合，通过前沿的趋势洞察，分析了趋势研究在服装款式中的具体表现和运用。

服装设计与款式风格是现代服装的精髓和灵魂，也是服装企业的制胜秘诀，全书以艺工融合的方式满足人才培养需求，深度对接行业发展的新特点与新要求，从趋势解析与款式应用的角度，面向服装工艺师提出了新的感知和思考维度，期望为服装从业者带来启发和灵感。

本书在撰写过程中，得到了广州市工贸技师学院和上海元彩科技有限公司领导的大力支持，得到了 COLORO 色彩全球研发中心趋势专家丁胄佳、赖正亮二位的指导，他们为本书提供的大量调研资料，在此一并感谢。由于作者水平有限，对于书中存在的问题和不足恳请读者批评指正。

编著者

2022 年 10 月

目录

CONTENTS

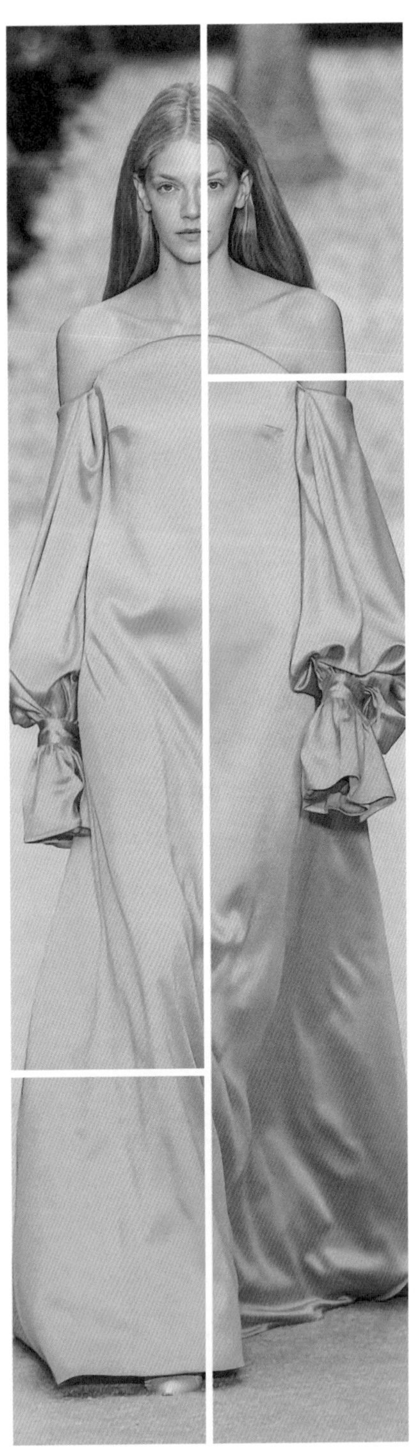

第一章

服装流行趋势概述 / 001

一、服装流行趋势的概念与特性 / 002

（一）服装流行趋势的概念 / 002

（二）服装流行趋势的特性 / 004

二、服装流行趋势的意义、判断方法与衡量指标 / 005

（一）服装流行趋势的意义 / 005

（二）服装流行趋势的判断方法 / 005

（三）衡量流行趋势的指标 / 006

三、服装流行趋势的产生 / 006

（一）服装流行趋势的成因 / 007

（二）流行趋势产生的主要驱动力 / 010

第二章

服装流行趋势的影响因素、特征与传播方式 / 011

一、服装流行趋势的影响因素 / 012

（一）PEST模型方法论2.0 / 012

（二）直接影响服装流行趋势的因素 / 014

二、流行趋势应用场景、分类与传播理论 / 030

（一）流行趋势的三种应用场景 / 030

（二）流行趋势的分类 / 031

（三）流行趋势的传播理论 / 035

三、中国近代服装流行趋势和款式风格的演变 / 040

第三章

当代流行趋势的现状及其对款式和板型的影响 / 045

一、板型的简介 / 046

（一）板型的定义 / 046

（二）板型设计的重要性 / 046

（三）板型设计的形式和要素 / 047

（四）廓型的分类 / 049

二、流行趋势对款式和板型的影响 / 052

（一）流行趋势影响款式和板型的底层逻辑 / 052

（二）不同流行背景下的款式和板型特征 / 053

三、当代常见的流行风格及款式细节 / 063

（一）军装风格 / 063

（二）嬉皮风格 / 064

（三）摇滚风格 / 066

（四）太空风格 / 068

（五）朋克风格 / 069

（六）迪斯科风格 / 070

（七）校园风 / 071

（八）极简主义风格 / 073

（九）解构主义风格 / 075

（十）Y2K千禧辣妹风 / 077

四、经典款式的重塑 / 078

第四章

流行趋势研究方法论 / 087

一、流行趋势预测概述 / 088

（一）流行趋势预测的原理及意义 / 088

（二）服装流行趋势的预测 / 089

二、大数据下服装流行趋势的研究 / 093
（一）大数据下流行趋势预测方法的优选项 / 093
（二）大数据下的生活方式 / 094
（三）大数据下的服装流行趋势走向 / 095
三、服装流行趋势的预测方法论——提取趋势 / 096
（一）搜集灵感趋势信息方法 / 096
（二）处理趋势信息的方法 / 108
（三）服装流行趋势的预测方法论概述 / 111
（四）主题、色彩、面料、图案趋势版的解读及运用 / 113
（五）款式趋势版的解读及运用 / 118

第五章
流行趋势的实践应用 /129

一、国际流行趋势的状态 / 130
（一）影响国际流行趋势的因素 / 130
（二）设计理念及款式风格的走向 / 131
二、中国流行趋势的状态 / 132
（一）影响中国流行趋势的因素 / 132
（二）设计理念及款式风格的走向 / 133
三、流行趋势的实践应用案例 / 134
（一）主题分析依据 / 134
（二）主题企划一：多面玩家 / 136
（三）主题企划二：东方意蕴 / 149
（四）主题企划三：原生之境 / 159

结语 / 169
参考文献 / 170

1

第一章

服装流行趋势概述

现代社会生产中流行趋势应用范围很广，渗透在很多行业，尤其在时尚服装行业表现明显。流行趋势并非凭空产生的，它的产生和发展遵循着一定的规律。要打造一个强有力的、去同质化的产品，无论身处服装行业的哪个环节，都需要紧密观察流行趋势才能在工作中游刃有余。本章节会针对服装行业中涉及的流行趋势要点展开分析和研究。

一、服装流行趋势的概念与特性

随着时代的不断进步与发展，人们对物质生活的要求也越来越高，服装这个大类产品一直在不断地升级，每一季度能否抓准流行热点也是大家非常关注的核心要素之一，不同热点的流行度也是各不相同的。因此，把握好流行趋势的难易程度可想而知。

宏观的经济大环境、人们的文化意识、新型的生活方式、生活环境的改变等因素均影响着服装的流行趋势的发展方向，服装设计的整个过程会涉及社会生活方方面面的信息。现如今，服装流行更新的周期越来越短，已经成为服装行业发展的一个明显趋势，服装的流行化已经成为衡量产品力的一个重要特征。另外，近年服装设计风格变化很大，消费者的需求也变幻莫测，这对于服装行业从业人员来说是一个很大的挑战，因此研究服装流行趋势刻不容缓，掌握了流行趋势就等于抓住了服装设计的指明灯。

（一）服装流行趋势的概念

流行趋势的定义为在一定的历史时期、一定数量范围的人，受某种意识的驱使，以模仿为媒介而普遍采用某种行为、生活方式或观念意识时所形成的社会现象。要想快速读懂一个流行趋势，首先要学会解读这个趋势中涉及的三个关键词：一定时期、某个群体和生活方式。

一定时期对应的是流行的年份，从年份上就可以得知该流行趋势当时经历的历史背景，帮助人们理解该趋势会流行的原因。

某个群体对应的是该流行趋势的受众或者说是追随者，通过对客群信息的深入研究，可以推断这种趋势未来在哪类人群中会受到欢迎。

生活方式对应的是价值观和生活态度，更加形而上学，提取这个关键词之后，可以清晰地看到这类服装或者喜欢这类服装的消费者想要表达的时代声音。

流行趋势的表现形式丰富多样，接下来，我们分别从风格、廓型、款式三个维度对流行趋势进行关键词解析。在下述三种不同类型的流行趋势中，我们可以按照三个关键词原则去分析得到相对应的关键信息。

1. 服装风格举例分析——迪斯科风格

迪斯科风格，如图1-1所示。

①一定时期：源自20世纪60年代的法国，70年代风行于美国，80年代席卷我国，90年代逐渐消沉。

②某个群体：热爱节奏感、爱潮流的年轻人。

③生活方式：偏爱劲曲热舞，将跳舞作为休闲爱好，在服装选择上偏爱亮片、紧身、牛仔元素，以凸显性感、狂放、自由的态度。

图1-1　现代迪斯科风格服装搭配（图片来源：WGSN趋势机构）

2. 服装廓型举例分析——The New Look

The New Look造型，如图1-2所示。

①一定时期：1947年，克里斯汀·迪奥（Christian Dior）先生推出的花冠系列，后来于20世纪50、60年代风靡欧洲。

②某个群体：具备改革创新精神的新女性。

③生活方式：强调女性曲线，裙长不再拖地，更加便于行动，追求解放天性与获得自由的新女性。

图1-2　迪奥（Dior）品牌经典The New Look造型

3. 服装款式举例分析——防雨风衣

防风雨衣，如图1-3所示。

①一定时期：1901年，第一款风衣诞生，从“一战”开始就被作为英国的战服。

②某个群体："一战""二战"时期英国军官工作服，后期演变成为时尚追随者的大热单品。

③生活方式：热衷英伦生活方式，对于力量、线条、功能、经典有追求的消费者。

图 1-3　雅格狮丹（Aquascutum）防雨风衣宣传图

（二）服装流行趋势的特性

1. 科学性与权威性

服装流行趋势归根到底受政治、经济、文化、科技、宗教等因素影响，也就是说，一旦大的宏观环境发生了变化，服装的流行趋势会随之发生相应的改变，所以它的流行方向是与社会大事件息息相关的，不会随意被无序颠覆。因此，它具备一定的科学性和权威性。

2. 引导性与非完全性

流行趋势通过相关数据的整理，再由趋势研究专家与流行趋势机构进行不断的调整，引导设计师了解与把握消费者关注的话题、新的流行走向以及国内外流行的动态等。与此同时，由于数据统计和人为研究行为存在差异，所得出的结果不是绝对的，而是具有一定的限制性，因此服装流行趋势的另一个特性就是非完全性。

3. 实践性与空间性

设计师要设计出适合某一特定定位的服装产品，在产品开发过程中要搜集各种与流行趋势相关的信息，了解市场的变化和消费者的消费态度、购物方式以及对服装的需求，通过研究整理出对未来最可能的流行趋势的判断，确定产品主题、色彩与面料等。但需要注意的是，任何调研都会因受空间和时间的影响而不能保证绝对完整和客观。

所以一定要注意的是，流行趋势也会受很多因素的制约和影响，呈现的效果并非绝对。

二、服装流行趋势的意义、判断方法与衡量指标

（一）服装流行趋势的意义

很多人觉得，流行趋势是一个很缥缈的东西，但其实流行趋势的依据源于很多方面，比如销售和市场的数据反馈、不同消费人群的消费结构分析以及国内外市场流行信息的对比等。

流行趋势的研究工作是对客观数据和市场现象的统计过程。在研究工作的前期，需要对目标市场有整体的了解，包括哪些品牌市场表现优异，或者是哪些品类销售业绩比较突出，通过对各类数据的研究和比对，从中得到一个流行的方向或结论。

因此，对服装流行趋势的理解可以是理性有序的，在综合市场反馈、销售数据、消费者特征、品牌营销等各方面信息的基础上，对所有搜集的资料进行归纳总结，得到了一定的结论之后，根据得到的数据进行时尚行业的分析和统计，总结出不同方面的趋势方向，其中包括主题、灵感、色彩、面料、款式、工艺、妆容、配饰等相关大类，最后才形成了对未来流行趋势走向的判断。

（二）服装流行趋势的判断方法

前文介绍了三个案例，通过对案例分析，可以得知，服装流行趋势的三种判断维度。

①服装风格：集合了特定的款式、面料、廓型、色彩和工艺，形成某种特定的具备强烈特质的组合，可以被消费者一眼识别出来的、并且符合特定大环境下人们的某种精神诉求，形成了服装风格的趋势。

②服装廓型：在特定历史时期或者社会环境下，出于体现某种意识或者信仰的需要，通过改变服装的廓型来达成这种诉求。一般来说，这种廓型或者线条上的变化都比较明显，有时甚至带有一些戏剧化的色彩。

③服装款式：这种类型的流行趋势表现形式会更加具体。它所有表达的流行指向性非常明确，会由特定的线条、颜色、面料和制作工艺组合而成。并且其流行的周期和生命力一般比较顽强，适应人群也比较广泛，也就是我们常说的经典款。

（三）衡量流行趋势的指标

甄别流行趋势一般由两个指标组成：时间+影响力，如图1-4所示。

①时间：即流行周期，每个流行趋势是有生命周期的，有些经久不衰，有些则昙花一现。

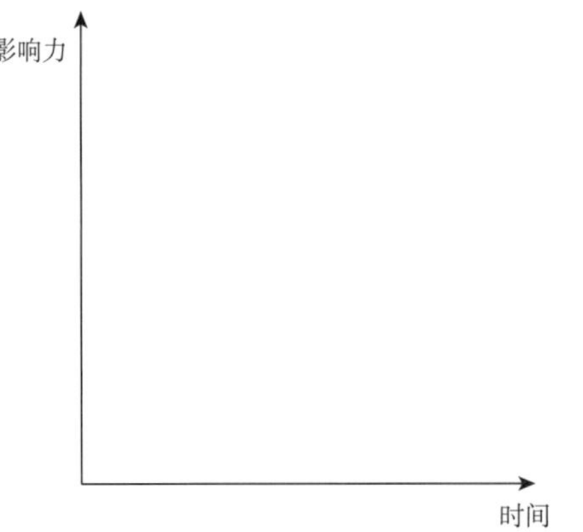

图1-4　衡量流行趋势的坐标轴示意图

②影响力：即流行度，在单位时间内，不同的流行趋势对于市场的冲击和消费者的影响力是存在差异的。

通过对两项指标的不同组合可以对流行趋势进行预判，一般分为四种情况（图1-5）：

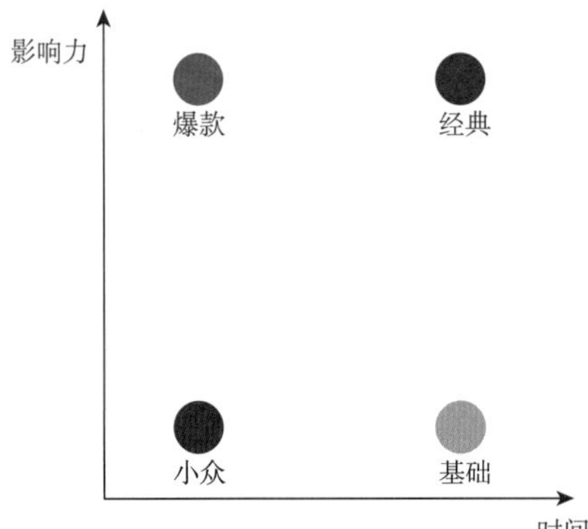

图1-5　四种不同属性的流行趋势在坐标轴中的位置

①时间长+影响力高：这个组合指标下的流行趋势对时尚行业的影响深远，也是设计师们需要学习了解的重点。

②时间长+影响力低：这个类型的流行趋势一般都通过了市场的检验，虽然在流行度上并不出众，但是大众接受度高，市场流通性好。

③时间短+影响力高：此类型的流行趋势具有较强的传播力，是设计师每一个季度做调研时需要重点研究的对象。

④时间短+影响力低：这类流行趋势在市场上的存在感较低，设计师们需要保持敏锐度去察觉并做出判断其是否会产生质变。

三、服装流行趋势的产生

流行趋势受很多因素的影响，而不同的因素对于流行趋势初期的雏形所产生的影响力又各不相同，研究清楚不同趋势的产生原因对于判断这种趋势是否会大流行有着至关重要的意义。

（一）服装流行趋势的成因

流行趋势反应的形式是人类的行为和产品的形态，其中人群对于流行趋势的态度在一定程度上决定着这种流行趋势的传播力度和广度，消费者的态度也会对产品的形态产生决定性的作用，因此关注消费人群是一切研究的基础。流行趋势依附于人的行为进行传播，而人的行为改变除了自身心理状态的变化以外，也会受到多种宏观因素的影响，而研究这些宏观因素也是把握流行趋势的关键。因此，服装流行趋势的成因可分为内因和外因。

1. 内因

内因即主观因素，人类在一种固定的环境中生活一段时间后，一般会出现两个方向的心态：求新求异和惯性适应。在历史的长河中，人们一直经历着各种革命，如政治革命、工业革命、时尚革命等。其实每一次的流行趋势的更迭，也可以理解成为一种革命形式。

人们对于“革命”的态度素来都是两极化的，一头是勇于创新的改革者，另一头则是遵守规则的保守派，在时尚界也是如此。KOL[1]挖掘甚至创造新的流行热潮，而当新的流行趋势崭露头角时，KOC[2]勇于尝试，经过市场的验证后，最终被大众所接受并传播开来，如图1-6所示。

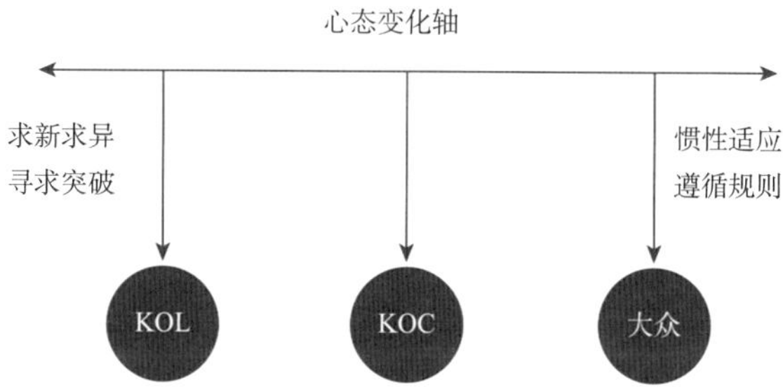

图1-6　消费者心态变化路径

并非每一种流行热点都会形成大流行，决定它是否可以大流行的关键是市场。市场的成分很复杂，有人、价格、供给关系等。在这里，我们着重研究人的心态对于一个流行热点的影响，人们对新的流行热点大体分为两种心理蜕变过程（图1-7）。

---

[1] KOL(Key Opinion Leader)：即关键意见领袖，拥有更多、更准确的产品信息，且为相关群体所接受或信任，并对该群体的购买行为有较大影响力的人。

[2] KOC(Key Opinion Consumer)：即关键意见消费者，一般指能影响自己的朋友、粉丝产生消费行为的消费者。

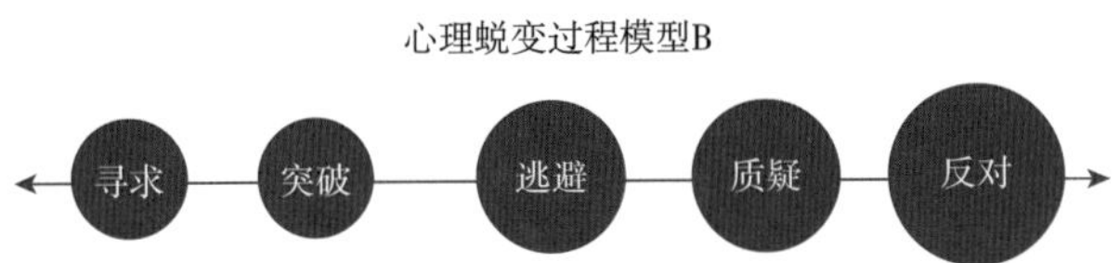

图1-7　两类消费者心理蜕变模型路径

（1）积极主动寻求改变型

这个类型的消费者一般个性活泼、开朗外向，对新鲜事物充满好奇，富有创意，不满足现有的生活状态，愿意积极寻求突破并为此付出代价。他们在初期，会通过各种社交活动更新自己的认知，并在资源库中找到自己中意的新型热点，如果没有，有时候会自己创造出流行热点；中期，会对选中的新热点进行研究和尝试，判断是否适合自己，并且逐渐建立接受和适应的过程；后期，一旦接受之后就会大力传播和分享。

（2）保守理性安全型

这个类型的消费者一般个性内向内敛、沉稳，尤其不喜欢改变。对于未知的事物，不愿意轻易尝试，是保守安全型选手。他们在初期，遇到新鲜热点的时候会呈现忽视或者逃避的心态，甚至有时候会刻意忽略新热点的存在；中期，对于新的流行热点也会好奇产生研究的想法，结果往往会提出质疑，也有部分人在这个环节转为支持的心态；后期，随着了解会越来越反对这种新的趋势的流行，并坚持原有的生活方式。

2.外因

外因即客观因素，不受人类意识所控制的客观存在，比如自然环境、天气变化、自然灾害等，也有一部分来自社会环境的影响，对这些繁杂因素分析，我们引入了一个分析模型，统称为PEST。

PEST分析法是指对宏观环境的分析，宏观环境又称一般环境，是指一切影响行业和企业的宏观因素。对宏观环境因素做分析，不同行业和企业根据自身特点和经营需要，分析的具体内容会有差异，但一般都应对政治（Political）、经济（Economic）、社会（Social）和科技（Technological）这四大类影响企业的主要外部环境因素进行分析。简而言之，称为“PEST分析法”。

在时尚行业也遵循这个原则，一般也会受到政治、经济、社会和科技的影响而裂变出新的流行趋势，如图1-8所示。

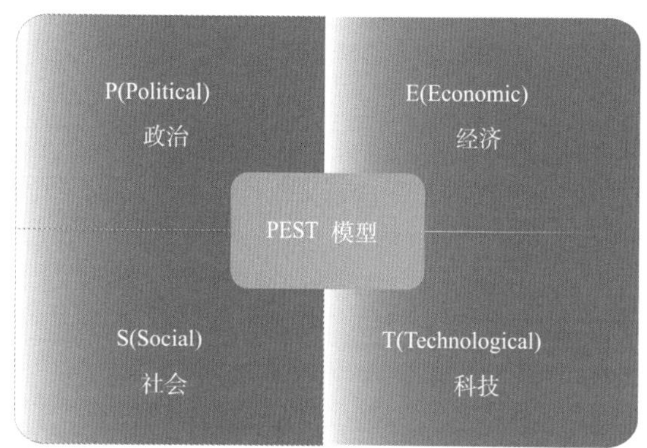

图1-8　PEST分析模型图

（1）PEST分析模型中的P（政治）

政治包括一个国家的社会制度，政府的方针、政策等。不同的国家有着不同的社会性质，不同的社会制度对组织活动有着不同的限制和要求。在制定企业战略时，对政府政策的长期性和短期性的判断与预测十分重要，企业战略应对政府发挥长期作用的政策有必要的准备；对短期性的政策则可视其有效时间或有效周期而作出不同的反应。

（2）PEST分析模型中的E（经济）

经济主要包括宏观和微观两个方面的内容。宏观经济环境主要指一个国家的人口数量及其增长趋势，国民收入、国民生产总值及其变化情况以及通过这些指标能够反映的国民经济发展水平和发展速度。微观经济环境主要指企业所在地区或所服务地区的消费者的收入水平、消费偏好、储蓄情况、就业程度等因素。这些因素直接决定着企业目前及未来的市场大小。

同样，某一种流行趋势的大流行还是消亡，同期的经济水平有着至关重要的决定作用。

（3）PEST分析模型中的S（社会）

社会文化环境包括一个国家或地区的居民受教育程度和文化水平、宗教信仰、风俗习惯、审美观点、价值观念等。文化水平会影响居民的需求层次；宗教信仰和风俗习惯会禁止或抵制某些活动的进行；价值观念会影响居民对组织目标、组织活动以及组织存在本身的认可与否；审美观点则会影响人们对组织活动内容、活动方式以及活动成果的态度。

回顾流行趋势的定义有“一定时间范围”和“一定人群”两个关键词，可见社会环境对于一个趋势的流行与否有着直接根本的影响。

（4）PEST分析模型中的T（科技）

技术环境除了要考察与企业所处领域的活动直接相关的技术手段的发展变化外，还应及时了解国家对科技开发的投资和支持重点、该领域技术发展动态和研究开发费用总额、技术转移和技术商品化速度、专利及其保护情况，等等。

落地到时尚行业来说，科技的进步直接影响到面料、工艺、染色技术、后整理、包装等环节。另外科技的进步已经改变了人们的时尚消费的方式和理念，所以这个也是一个重要的因素。

（二）流行趋势产生的主要驱动力

综合PEST的分析方法，流行趋势的产生从各个维度都会产生驱动力，结合时尚行业具体来看，归纳总结为下述涉及的六个方面：

①经济和环境。

②国家政策。

③消费群体的价值观。

④主流消费偏好。

⑤市场和零售表现。

⑥社交媒体。

这六个方面很大程度上影响社会的动态和变化，同时也渗透到了服装行业之中，引领和改变着服装行业的流行动态和走向。在接下来的章节中，将对这些主要驱动力进行展开和剖析。

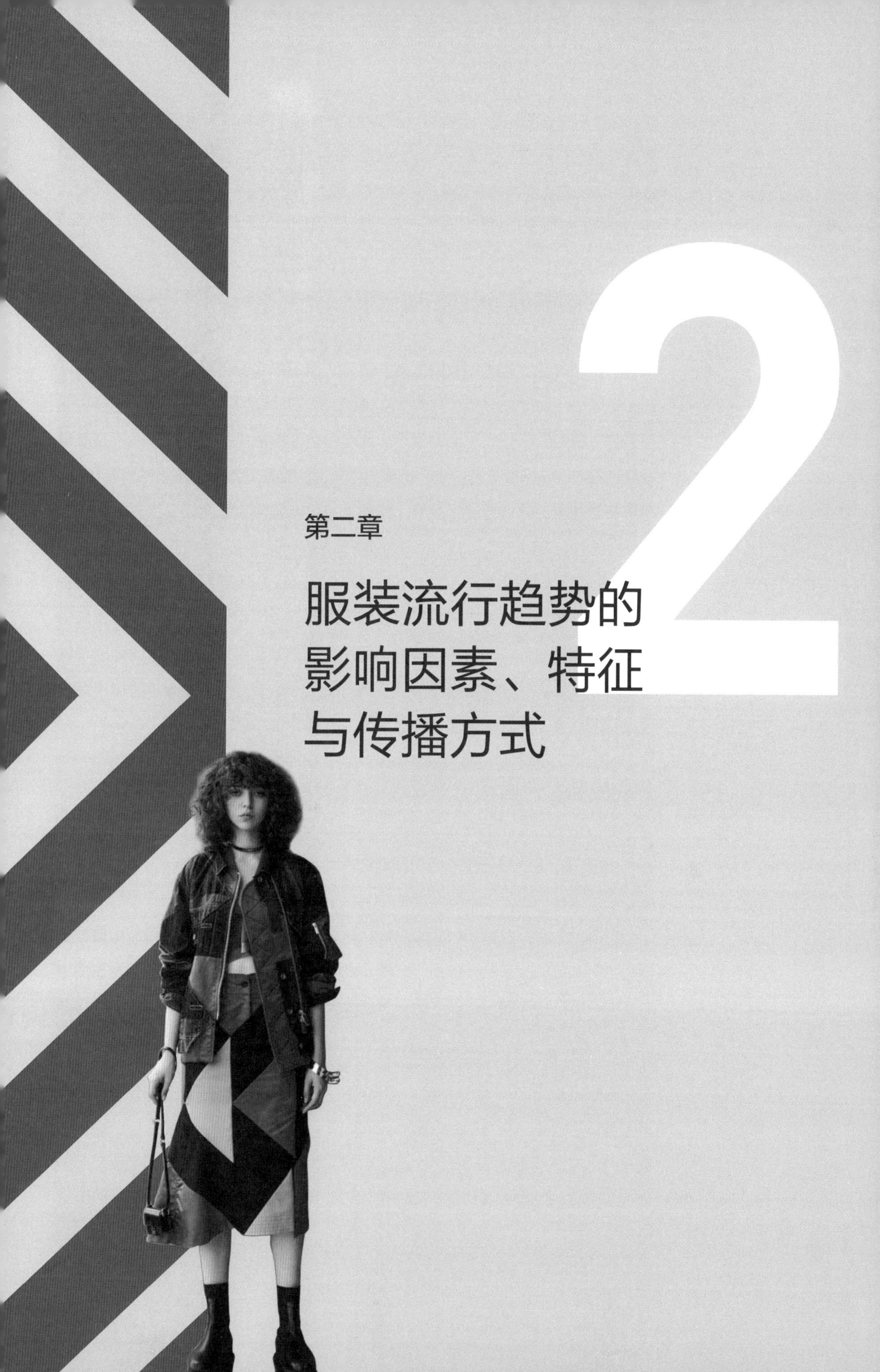

2

第二章

服装流行趋势的影响因素、特征与传播方式

本章节主要讨论影响流行趋势的几大宏观驱动因素以及直接影响服装流行趋势的要素，然后在此基础上对流行趋势进行分类和特征的拆解，并且对不同类型的流行趋势的传播路径和周期进行说明。

一、服装流行趋势的影响因素

（一）PEST模型方法论2.0

前文提到了PEST的经典模型，这个分析模型适用于各个行业，所以也是一个比较宏观笼统的分析方式。鉴于时尚行业中会有更加丰富多元的使用标准，本章节侧重结合时尚行业，对近几年和未来可能会影响时尚行业的关键因素进行分析。

在原来的PEST模型当中，E代表了经济Economic，但是随着时代的发展，自然环境、地理气候的变化也开始对流行趋势产生不可逆的重要影响。比如气候危机、粮食危机、环境污染等对人们的生活影响比重越来越大，因此，在这个模型中，我们在E分区中加入了另一层含义，就是环境Environment，结合近几年的趋势，甚至有取代经济Economic之势（图2-1）。

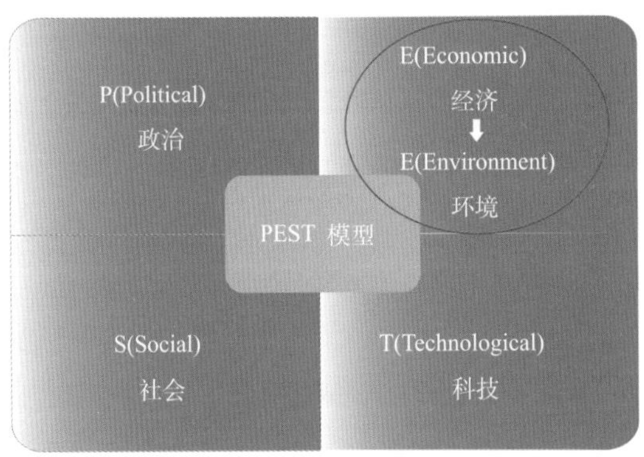

图2-1 PEST模型示意图

将PEST四个维度分别置于坐标轴的上、下、左、右的位置，其中要注意的是，在本书中，右边包含了“S”和“E”两项指标，这里的E指向的是环境要素，可合并理解成为社会人文环境的导向，而左边的指标E指向的是经济要素。坐标轴中，不同的颜色代表了不同的年份，如图2-2、图2-3所示。

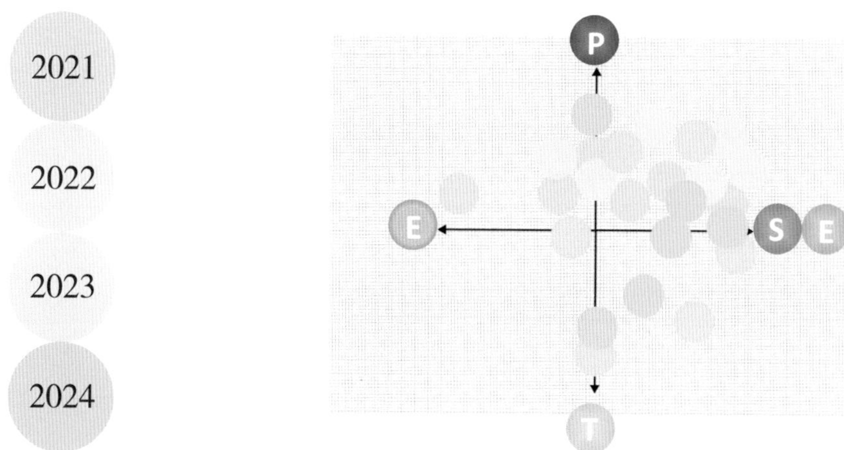

图2-2　年份色标示意图　　图2-3　2021～2024年宏观驱动因素汇总示意图

总体来说，2021～2024年驱动因素汇总示意图中，我们可以得出以下结论：

①2021～2024年，人们整体更加关注社会和环境问题。

②经济因素贯穿所有年份，分布平均，一直影响着整个社会运作。

③政策等宏观调控手段密集作用于社会环境和经济这两个方向。

④科技要素在近几年异军突起，受到了极大的重视。

按照年份分拆开来的话，也可以发现每个年份的宏观驱动因素侧重也有不同：

首先来看2021年主要驱动因素的分布规律，根据驱动因素象限分布图可以得知，2021年的宏观因素和主要矛盾集中在经济、社会和自然环境之间。在追求经济增长的同时，也带来了严重的环境破坏问题，可以看出国家及地方正在积极调和这些矛盾，如图2-4所示。

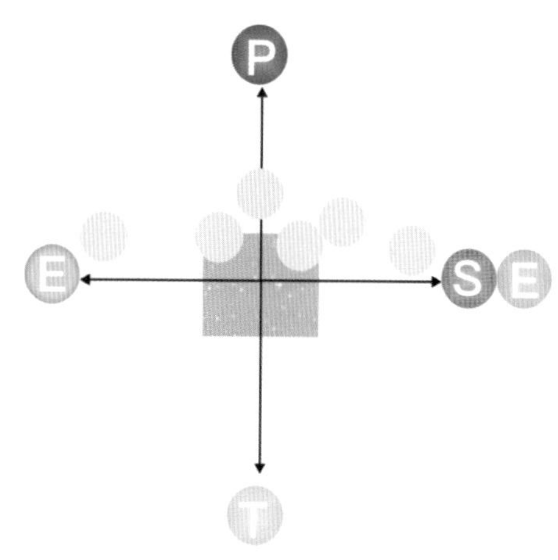

图2-4　2021年宏观驱动因素汇总示意图

接下来看2022年主要驱动因素的分布规律，根据驱动因素象限分布图可以得知，2022年的宏观因素和主要矛盾集中在社会和自然环境之间，尤其是新冠肺炎疫情对经济带来的巨大冲击。正如上一年的预测，通过宏观调控以及意识价值观的调整，人们不再一味追求经济增加，大家把目光更多地集中在了社

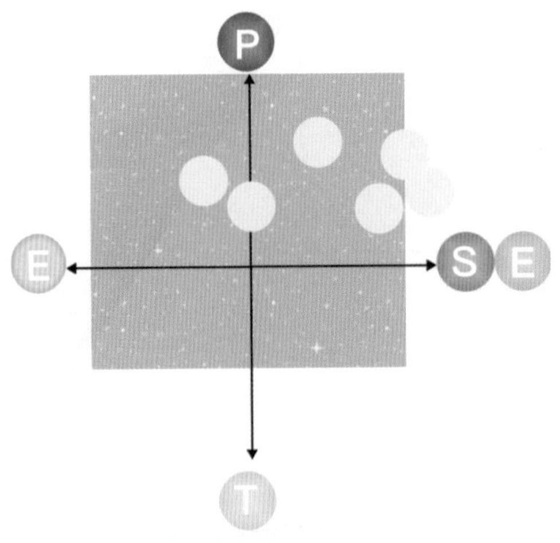

图2-5　2022年宏观驱动因素汇总示意图

会矛盾和自然环境保护上，如图2-5所示。

然后是2023年主要驱动因素的分布规律，根据驱动因素象限分布图可以得知，2023年的宏观因素和主要矛盾分布比较广泛，同时新冠肺炎疫情的冲击和影响还在持续，科技行业在这一年崭露头角，人们纷纷寄希望于科技可以改变自己的生活，如图2-6所示。

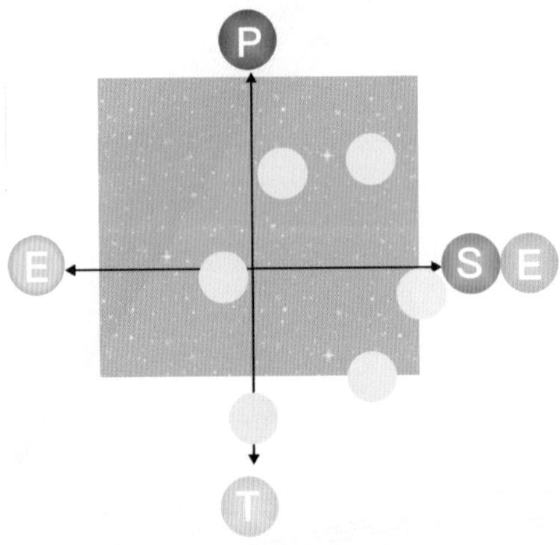

图2-6　2023年宏观驱动因素汇总示意图

最后是2024年主要驱动因素的分布规律，根据驱动因素象限分布图可以得知，2024年大家的注意力还集中在人文社会和环境保护方面。科技也会得到更加健康的发展进而推动社会的进步。新冠肺炎疫情的冲击还是存在的，但无论是客观还是主观，全社会都在降低它对人们正常生活的影响，如图2-7所示。

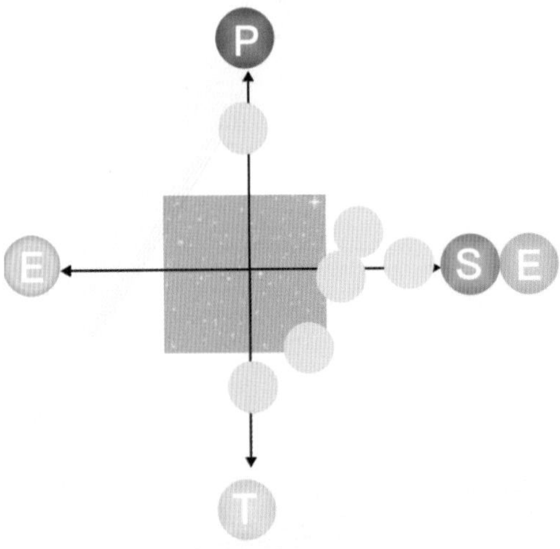

图2-7　2024年宏观驱动因素汇总示意图

（二）直接影响服装流行趋势的因素

从整个社会角度来看，在互联网经济、Z世代崛起以及新冠肺炎疫情冲击等多重复杂的客观因素的交错作用力下，能够直接影响服装流行趋势的因素有消费者的价值观、新兴文化、兴趣圈层和社交媒体。

消费者的价值观、文化圈层、兴趣爱好以及社交媒体的运用习惯都会直接影响着服装流行趋势的走向和流行度，我们主要洞察两个世代的消费者在这些方面的表现，他们分别是千禧一代和Z世代。

根据全球惯例，千禧一代的年龄划分为1980～1994年出生的消费者。Z世代为1995～2010年出生的消费者。

1.消费者价值观对服装流行趋势的影响

（1）千禧世代的价值观

价值观决定消费者的消费行为和生活方式，因此，我们在研究每一个世代消费者的消费动机和生活方式之前要先去研究这个世代的消费者有别于其他时期、其他世代所展现出来的特定的价值观。

伴随中国千禧一代的消费者越来越成熟，一个越来越明显的趋势就是消费者的消费决策和目标驱动力已经不再局限于大LOGO、大品牌了，转而更多的是倾向消费和自己价值观相一致的品牌、产品和服务。

越来越多的消费者会坚持“少即是多”的理念，这就使得极简主义的设计美学在当下与中国千禧一代产生前所未有的共鸣。同时，千禧一代越发关注环保，延续到生活方式上，这代人就会更多地表现出他们钟爱有绿植的室内空间，喜欢去户外拥抱大自然。此外，有一些千禧消费者已经开始形成自己特立独行的时尚品位，于是小众品牌、知名品牌的限量版会变得越来越受欢迎。

千禧一代价值观在消费和流行趋势上的影响如下：

①自我关怀和自我实现被放在了更重要的位置上。

②越来越呈现出愿意为品质、为独特、为极致便利而买单的趋势。

③更加追求可以带来优越感的独特商品，如小众品牌、知名品牌的限量版、网红产品限时限地供应的合作款，以及私人定制化产品。

④正在经历从品牌认知到追求时尚新潮，再到休闲享受、追求小众品牌以及更多元的时尚风格的心态变化过程。

⑤时尚观渗透到穿衣打扮、工作休闲、出行方式、旅游度假等各个方面，消费者不再只是追求大牌或是基础的功能性以及价格标签，而是要更进一步地彰显自己有品质、有个人品位的生活方式。

⑥回归传统。

⑦自我的投资与提升将成为主流。

（2）Z世代的价值观

中国Z世代是前所未有的一代人。他们不仅拥有上亿规模的人群，而且普遍受过良好的教育。他们物质基础优越，大胆、独立、自信，注重精神世界，并且是崇尚自由表达、愿意为内容付费的一代人，社交媒体是他们主要的阵营。全世界Z世代人口高达20亿，是所有零售商关注的焦点群体。继承了上一代人的环境和社会责任意识，价值观话题从一开始就是Z世代日常生活的一部分。为了吸引他们的注意，品牌需采用奇特另类的美学和以环保为中心的信条。

Z世代价值观在消费和流行趋势上的影响如下：

①对于有社会责任感的品牌尤为青睐。

②追求个性化、平价、具备价值体系的时尚品牌。

③对于品牌的忠诚度会随时转移。

④被完全真实的美学吸引——接地气的信息传递和惬意舒适的购物环境。

⑤消费新需求层出不穷，年轻一代的兴趣爱好与个性需求催生着新职业。

⑥社交优先，分享体验。

⑦逃离现实，数字移民。

⑧更彻底的包容性。

2.新兴文化对服装流行趋势的影响

文化的种类非常纷繁，我们列举了几个对服装流行趋势有直接影响的文化种类，并逐一加以分析，目的在于帮助大家理解其中的转化关系。

（1）传统文化老树开新花——内联升

基本逻辑：老字号品牌不必改头换面、抛陈出新，可以利用品牌本身的特质和优势（如优秀的传统手工艺），结合受众认可的潮流风向，满足目标消费者的需求。

契合点：内联升在“宫廷风”渐成流行的趋势下（这对于本身就有历史文化底蕴的老字号内联升来说，是一个契合点），在产品的设计和包装上走复古风，并迎合年轻人的品位——打造极具街头风格的快闪店，使品牌变得更有“网感”和贴近社交媒体。以民国潮牌1918～2018为主题开快闪店，能让更多的人了解内联升的历史，其实我们在历史上就是个潮牌。

价值凸显和链接：由内联升千层底布鞋传承人到场向顾客展示。在产品展区摆放了基础款布鞋和文创IP布鞋，包括与大鱼海棠、愤怒的小鸟、海上牧云记等IP合作的布鞋产品。

传统文化从根本上不算是新兴文化，但是可以由很多的营销手段包装成为现在年轻人喜欢的样子，进行文化输出，如图2-8所示。

图2-8　传统文化IP全新品牌形象（品牌：内联升）

（2）街头文化本土化——VANS

品牌背景：众所周知，服饰品牌范斯（VANS）可以算得上是街头文化的中流砥柱，HOUSE OF VANS是VANS每年都会在世界各大城市举办的一个街头文化派对，活动内容包括了滑板运动、艺术创作和音乐表演等。

契合点：HOUSE OF VANS中国首站，在成都小酒馆举行。活动当日，范斯与滑板、音乐、艺术等领域的范斯品牌粉丝共同举办了一场中国街头文化的活动。成都作为一个新崛起的文化势力城市，年轻人口多，对于范斯品牌的偏爱很高，但没有一线城市那样的资源，因此，选择成都是很聪明的决定。

价值凸显和链接：范斯也在此次活动中，开设了艺术创作课。在街头艺术家的讲解下，到场人了解到了街头图案技艺的发展与演变，并动手设计各种创意图案，感受创作的乐趣，如图2-9所示。

（3）二次元ACG（动画、漫画、游戏）文化——破产三姐妹

汉服、洛丽塔（Lolita）洋装、JK制服在哔哩哔哩（简称B站）并称“破产三姐妹”，此说法由此流行开来。

起源：破产三姐妹起源于角色扮演（Cosplay）的亚文化圈子，随着年轻人流行文化的演变，已成功“破圈”成为日常穿搭之一，背后折射出的是年轻人更关注自我和个性的态度。

图2-9　街头文化在中国本土化的活动（品牌：范斯）

价值和市场体现：淘宝上已经有近千家店铺出售“破产三姐妹”，吸引了大批粉丝，早已形成完整的产业。淘宝官方数据显示，2020年沉溺于网络购物的人群把汉服、洛丽塔和JK制服为代表的“三坑”市场买出了百亿级的规模。数据显示，当前“95”后已经成为“三坑”服装消费的主力人群，相关数据显示超过64%的喜爱洛丽塔风格的消费者年龄为19~24岁。相比之下，汉服消费者的年龄阶层较宽泛，有超过12%的消费者是“90后”，甚至有不足1%的消费者是“80后”“70后”。

（4）露营文化——户外风

背景：自新冠肺炎疫情开始以来，户外露营的相关内容呈爆炸式增长，众多参与者崇尚这样一种生活方式，那就是在保持安全距离的同时来努力探索这个世界。

价值观链接：户外露营刚好与当下流行的“野奢”风格契合，人们纷纷觉得野餐、露营、房车生活是一件很酷的事情，同样也体现自由、时间充裕、自然的生活理念。

风格体现：有很多户外的服装品牌开始涌现市场，除此之外，很多运动品牌也开展了户外线来迎合消费者这一需求。除了服装之外，装备也很讲究，摩卡壶、帐篷、自热锅等适用于户外活动的物品也是消费者们愿意花大价钱去购买的单品（图2-10）。

图2-10　露营文化在中国消费者中盛行（图片来源：WGSN趋势机构）

（5）健身文化——健身网红

背景分析：新冠肺炎疫情带来的两大影响是消费者在社交媒体上花费的时间有所增加；同时随着消费者努力地保持健康身材，运动与健身这两者在消费者生活中的重要性也与日俱增。

社交驱动：一群运动爱好者因为疫情而走到一起，首次通过线下或线上的方式一起锻炼。从寻找消遣活动的大家庭到参与线上课程的千禧一代，这一群体在忙碌生活中建立联系，通过一起运动的方式来达到社交的目的。

模仿行为：在社交媒体上经常可以看到，各类网红穿着紧身亮色的运动服装的街拍，而这些照片的点赞量高得惊人。时隔不久，就可以在街头上看到类似模仿的装扮，并因此刮起一阵潮流风潮（图2-11）。

图2-11　各种健身网红雨后春笋般蜂拥而出（图片来源：WGSN趋势机构）

3. 兴趣圈层对服装流行趋势的影响

对于中国的Z世代，电竞、街舞、LIVE HOUSE、音乐节、“吸猫”……更多新的消费关注点正满足他们彰显个性的需求。越来越多的小众文化和人群正逐渐从幕后走向台前，如音乐节和街舞文化的快速蔓延，主流和小众之间的界限正变得模糊。

只有在真正洞察大时代背景下，年轻群体赋予消费行为的文化需求、意义与价值，才能获得与他们平等对话的入场券，也才能让产品和营销脱离形式化、标签化，实现与大时代和年轻消费者的合拍共进。

兴趣圈层对于流行趋势的作用力在于：

①消费引导。

②风格走向。

③品牌的忠诚度。

④粉丝的传播行为。

4. 社交媒体对服装流行趋势的影响

大众对社交媒体的态度：社交平台比以往任何时候都更自相矛盾，一边追求完美，一边接纳不完美；一边崇尚名声，一边帮助匿名。一些用户过度使用互联网，另一些则大步前进，拥抱适度的网络。

①自由度：在这个相对自由的平台上，用户可以尽情表达自己的审美和观点。无论好看与否，大家都可以自由尽情地展示自我。

②无穷的灵感：与此同时，消费者可以通过社交媒体获得免费快速、取之不竭的穿搭灵感，可以自己创意也可以模仿借鉴。任何创意都可以在社交媒体上不分地域、不分时间、迅速地传播，只要创意够棒，无论是奢侈大牌还是平价快时尚，一样都可以获得关注度。社交媒体的意义在于传播和分享。

5. 艺术流派对服装流行趋势的影响

艺术对服装流行的影响也是不可忽视的。

（1）波普艺术

波普为POPULAR的缩写，意为流行艺术、通俗艺术。波普艺术一词最早出现于1952～1955年，在英国伦敦当代艺术研究所一批青年艺术家举行的独立者社团讨论会上首创，许多人认为公众创造的都市文化是现代艺术创作的绝好材料。

波普艺术在20世纪60年代是用来反抗当时的权威文化和上层艺术的，它不但具有对传统学院派的反抗精神，同时也具有否定现代主义艺术的成分，从很多典型的作品当中，可以看到虚无主义，这是波普艺术的核心精神。

波普艺术在一定程度上带有反讽的意味，是社会价值观的一种延伸。波普艺术的前身是底层艺术市场的缩写和掠影。非常遗憾的是，早年的波普艺术家使用大量廉价的颜料在城市的角落进行创作，也导致了很多好的作品无法保存和流传下去。如图2-12所示为保罗兹·莫扎克（Paolozzi Mosaic）于1984创作的波普艺术代表作，绘制于英国伦敦的托特纳姆考特路地铁站西月台。

图2-12　波普艺术代表作，作者：保罗兹·莫扎克

波普艺术的特殊的地方就是对于流行时尚有相当特别且长久的影响力，不少服装设计师都喜欢直接或者间接地从波普艺术中吸取灵感。

波普艺术产生于通俗文化，它的题材非常丰富，涉猎的内容也很广泛，我们可以看到的是它所运用的材料都是非常常见的，可以说并不是什么高级的艺术材料，配色上面尤为突出，可以利用这种矛盾感去刺激观众的视觉神经，同样，也借此潜移默化地影响人的价值观和生活方式。

波普艺术的表现特征如下：

①日常生活就是创作素材：波普艺术中一般都会以日常生活用品，如照片、报纸、家私、交通工具等作为创作的基本素材。也就是我们所说的日常生活中随处可见的题材，因此波普艺术更具有通俗性，也更加容易被普通民众所接受。

②大量的拼贴和重复表现作品：在很多经典艺术作品中，创作的艺术家们最常用的艺术表现手段就是拼贴或者是四方连续纹样甚至是更多方连续纹样的机械重复，他们将生活中的元素随性组合在一起，强调了作品中的基础素材，加深了观众的记忆点（图2-13）。

③颜色应用上十分大胆有创意：色彩在艺术的表现形式中起着至关重要的作用，我们熟悉很多色调，看一眼便知道它属于什么派系的作品。作为具备反抗精神的波普艺术来说，它的用色逻辑是不同于那些单调、沉闷、循规蹈矩、乏善可陈的艺术表现形式的。波普艺术在色彩运用上大胆有趣，充满了冲突感，具备非常高的辨识度，满足了追求个性的观众的需求，同时也给人们的艺术审

美带来了多元化的气息。

④商业化的基因：波普艺术实际上是一门很实用的艺术流派，由于它的灵感往往源于日常用品，而日常用品都具备功能性和写实性，因此波普艺术家利用实用主义的理念，将生活中通俗文化与商业艺术品结合起来，让波普艺术具备一定的商业倾向，如图2-14所示。

自20世纪50年代波普艺术诞生以来，波普艺术就和时尚界产生了千丝万缕的联系。英国时装设计师玛丽·奎恩特（Mary Quant）是促进波普时装发展的第一人，她率先推出迷你裙和色彩大胆的“小衣装”，这种穿着合体但和正统

图2-13　波普艺术的代表作，作者：安迪·沃霍尔（Andy Warhol）

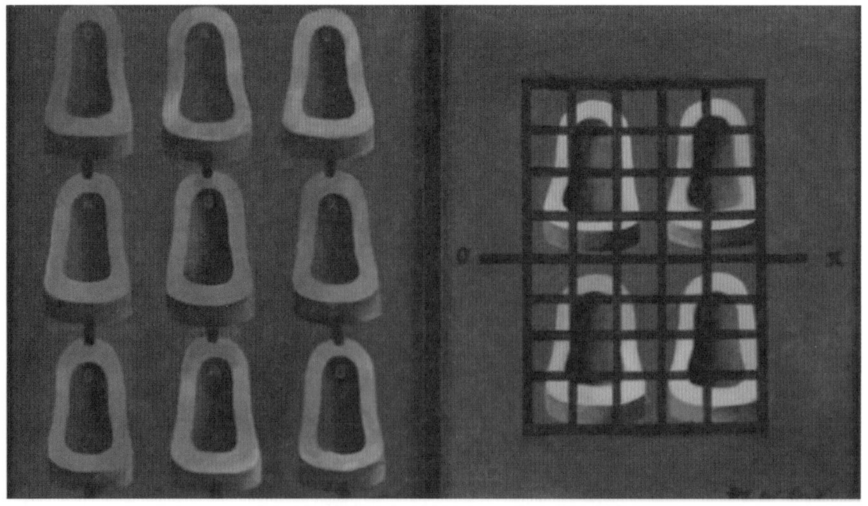

图2-14　通俗文化与商业艺术的典型结合——《小便池》，作者：王广义

服装背道而驰的时装，一经推出，就受到了年轻人的喜爱。玛丽·奎恩特创造的这种新风格，在当时被称为“伦敦造型”（图2-15）。

图2-15　设计师玛丽·奎恩特（右）和她的经典作品展示

20世纪60年代是波普艺术对服装影响最大的时候。作为迪奥接班人的伊夫·圣·洛朗（Yves Saint Laurent）在1966年推出了名为“POP ART”的时装系列，他将荷兰画家皮特·科内利斯·蒙德里安（Piet Cornelies Mondrian）的画作《红、黄、蓝构图》以波普几何的艺术形式呈现在连衣裙上，这件连衣裙一经推出就引起了轰动，成为时尚史上的经典作品，现在大家都叫它“蒙德里安”裙（图2-16）。

图2-16　1966年伊夫·圣·洛朗设计的“蒙德里安”裙

意大利服装品牌莫斯奇诺（Moschino）在 2013年更换了创意总监后，更是把波普艺术玩到了极致。新创意总监杰瑞米·斯科特（Jeremy Scott）将生活中的垃圾袋、爆米花、洗衣粉、麦当劳标志都搬到了服装、手袋的设计中。正像他本人所说："我生活在这个波普的世界里，我用波普艺术的眼光看待这个世界。"另外，在每一年的巴黎时装周上，不少品牌都重温了波普艺术（图2-17）。像路易·威登（Louis Vuitton）2020春夏系列在服装设计中便运用了波普艺术。

图2-17 以快餐元素为主题的服装设计作品，品牌：莫斯奇诺（2014秋冬）

波普艺术应用在服装设计中强调新奇，用色极其大胆和张扬，通过个性化的搭配，给人一种眼前一亮的视觉感受。因此波普风格的服饰一般是时髦、潮流又带着个性，波普风格的服装往往十分的生动并且洋溢着前卫的艺术气息，其特点如下。

①新奇大胆的印花图案：波普风格服装善用新奇的图案，如抽象的几何图案、人物脸谱等来打破常规，彰显离经叛道的不羁和自由。各种各样奇形怪状的图案不仅能让人眼前一亮，还能瞬间治愈"审美疲劳"，波普风格服饰上的印花图案时刻揪着用户的视觉神经，让人的眼睛无法"打瞌睡"（图2-18）。

②夸张绚丽的色彩：不同于低调的黑白灰，波普风格的服装用色一般都很大胆，如明亮鲜艳的红色、黄色、绿色等都是波普风格服装经常用到的色彩。绚丽又夸张的色彩亮眼又活泼，和年轻人的蓬勃的生命力很相符，因此波普艺术多出现在年轻人的服装设计中（图2-19）。

图2-18 夸张的图案在服装上的体现，品牌：莫斯奇诺（2015秋冬）

图2-19 服装上大胆夸张的色彩运用，品牌：莫斯奇诺（2022秋冬）

图2-20　色块对比在服装上的应用，品牌：太平鸟时尚女装（2018冬季）

③强烈的色块对比：波普风格的服饰经常使用两个或者以上的色块，鲜艳的色块之间形成强烈的色彩对比，往往搭配新奇的图案一起呈现在服装上，整个造型看上去很亮眼也很有趣味，即使不懂服装的人也会瞬间被它新奇大胆的配色所吸引（图2-20）。

④不规则的廓型：一般传统服饰的廓型大多为A形和H形，而波普风格服饰的廓型并不局限于这两种，还有其他不规则的形状。设计师根据自己天马行空的想象力把服装裁剪缝制成任意的形状，与传统服饰的廓型相比会更富有设计感（图2-21）。

图2-21　天马行空的廓型体现了波普艺术风格（图片来源：WGSN趋势机构）

波普风格的服装一般都和低调不沾边，往往会带来强烈的视觉冲击力，高调又夺目。在服装搭配中，波普风格的单品一般都会成为整个造型的亮点，因此和其他单品组合时，重点突出波普风格单品，其他单品起陪衬作用即可。波普风格服饰的搭配技巧如下：

①单穿：波普风格服饰因为视觉冲击力较强，和其他单品搭配在一起想要呈现和谐效果，绝非易事。因此，最万能也最偷懒的方法莫过于全身只穿一件波普风格的服装。

②套装：选择一身波普风格的套装来穿，视觉冲击力很大。

③混搭（波普+纯色）：虽然波普风格的服装搭配起来很具有挑战性，但是面临单品搭配时，也是有一些技巧的。利用万能公式：波普+纯色来保证整个造型的协调性。纯色的服装刚好能平衡波普服装的“喧闹”，波普服装也能给纯色服装带来生机和趣味。

（2）哥特艺术

哥特（Gothic），又译为“歌德”，原指代哥特人（属西欧日耳曼部族）；同时，哥特也是一种艺术风格，最早是文艺复兴时期被用来区分中世纪时期（5～15世纪）的艺术风格，它是来自曾于3～5世纪侵略意大利并瓦解罗马帝国的德国哥特族人。在15世纪时，意大利人有了振兴古罗马文化的念头，因而掀起了灿烂的文艺复兴运动，由于意大利人对于哥特族摧毁罗马帝国的这段历史始终难以释怀，因此为了与这段时期有所区分，他们便将中世纪时期的艺术风格称为“GOTHIC”，即“哥特”，哥特风格的作品为数众多，其艺术价值是非常高的。

哥特式艺术：又译作“哥德式艺术”（Gothic Art），是一种源自法国的艺术风格，始于12世纪，盛行于13世纪，至14世纪末期，其风格逐渐大众化和自然化，形成国际哥特风格。直至15世纪，因为欧洲文艺复兴时代来临而迅速没落，哥特艺术在设计表现上非常广泛，建筑、绘画、字体设计、音乐等领域都有涉及。

哥特式建筑：哥特式建筑的基本构件是尖拱（Ogival，或称尖拱券、尖券）和肋架拱顶（Ribbed Vault）。哥特式建筑的魅力来自比例、光与色彩的美学体验，使观者摆脱俗世物质的羁绊，该类建筑虽曾于欧洲全境流行，不过在欧洲文艺复兴时期，一度颇被藐视（图2-22）。

图2-22　哥特建筑代表性作品——德国科隆大教堂

哥特式绘画：与哥特式建筑不同，哥特式的绘画以及雕塑都无法严格界定，甚至难以确定某些手法是哥特式的特殊造型语言，哥特式绘画风格在13世纪时开始展露，从罗马式风格至哥特式风格的过渡并没有明显的界线，但是可以发现这一时期的绘画风格较之于前更加保守和情绪化。这种转变在1200年左右始于英国和法国，1220年左右发展至德国，1300年至意大利。哥特绘画主要以四种形式出现：壁画、版画、插图和花窗玻璃画（图2-23）。

图2-23　巴勒莫阿巴特利斯宫的哥特式壁画《死亡的胜利》（1446年左右完成）

哥特式音乐：哥特式音乐具有哀愁、内敛、深沉、触动人心等象征。早期充斥着抑郁的情调，音乐既冰冷刺骨，又带着精细的美感，后期是对情绪压抑、唯美主义近乎极限的追求。它挖掘放大人类的感情，引发审美和思考，把音乐的艺术欣赏上升到哲学思考的层面，进而影响人们的价值体系。

哥特字体：哥特字体种类繁多，其主要特点为瘦削、细长、复古、华丽，带有些许神圣的色彩，黑白分明，常被使用在经文抄录、古籍封面和文身上，与其他哥特艺术形式相得益彰，哥特字体主要应用在拉丁字母体系中。

哥特式电影：哥特电影被认为起源于1921年，一位名叫本杰明·克里斯滕森（Benjamin Christensen）的丹麦人拍出了一部名为《女巫们：历代的巫术》的电影，在这部电影里很多神秘元素第一次成为电影的表现主题。不过，极有影响力的哥特电影来自德国，1922年，德国导演F.W.茂瑙（F.W.Murnau）拍摄了电影《吸血鬼诺斯费拉杜》，自此，大名鼎鼎的吸血鬼正式出现在了大银幕上，成为人类电影史上第一部里程碑式的哥特式电影。著名的哥特风格电影包括《剪刀手爱德华》《惊情四百年》《夜访吸血鬼》《乌鸦》《狼人》《断头谷》《魔咒女王》《僵尸新娘》等。

哥特精神：为哥特次文化定义一个明确的思想体系并不太容易，主要有几个原因：哥特次文化有部分是受到浪漫主义和新浪漫主义的启发。深沉、神秘的印象及心境也存在于传统浪漫主义的哥特小说中；哥特另一个核心元素是滑稽夸张及自我戏剧化，出现在哥特小说和哥特次文化中；哥特次文化的成员一般都不支持暴力，哥特次文化没有散发政治讯息或呼吁社会运动，而是强调个人主义、对多元化的包容、创造力、理智主义、厌恶社会保守主义和倾向温和的犬儒主义；哥特思想主要是建立在审美观上，而不是道德或政治。哥特当然有其政治倾向，但他们不会特别表达出来，这成为他们文化的一部分（图2-24）。

哥特服饰：在20世纪80年代，哥特服饰时尚由哥特音乐风格发展而来，染黑的长发、苍白的皮肤、紧身黑衣、尖皮靴和大量银饰。黑色摩托、皮夹克、黑色紧身牛仔裤、黑色网眼丝袜和黑色飞行太阳镜成为哥特族标签。最早的哥特风格的穿搭可以说是由维多利亚女王引领的，当时她的丈夫刚刚去世，那个时代妇女被要求穿着统一的黑色丧服，哪怕女王也不例外，于是女王在丧服的外面套了一件白色的蕾丝婚纱，起到了非常好的混搭效果，也不经意地显露了女王深藏内心的叛逆精神（图2-25）。

受建筑风格的影响，哥特服装风格主要体现为高高的冠戴、尖头的鞋、衣襟下端呈尖形和锯齿等锐角的感觉。而织物或服装表现出来的富有光泽和鲜明的色调是与哥特式教堂内彩色玻璃的效果一脉相通的。真正的哥特时尚体现为以下几个方面：黑色的东西，或其他暗色，如海军蓝、深红；可以透但不露；银饰；苍白的皮肤，体现维多利亚时代关于“苍白的皮肤是贵族的标志”这一审美；黑发、漂白过的极浅的金发、红发或紫发；黑白妆容，白色粉底、黑唇膏、黑眼影、细眉；自我束缚的装饰服装，如皮革、PVC、橡胶、乳胶都是必不可少的面料，中世纪的束腰也极为常见；领带或紧紧系在脖子上的丝绒绳；T形十字章、太阳神之眼、五角星、十字架的饰品以及刺青；歌剧风格的披肩、斗篷和长手套。

哥特式风格设计是服装发展史上标志性的一节。12世纪中期开始，欧洲进入中世纪的第二大国际性时代——哥特式时代。13世纪，受建筑风格的影响，出现了现在衣服上的“省”，确立了近代三维空间构成的窄衣基础，服装的外轮廓造型、细节设计、服装配饰等，都具有明显的哥特式风格。

图2-24　哥特造型，品牌：马克·雅可布（Marc Jacobs）（2016秋冬）

图2-25　此照片拍摄于1897年维多利亚女王在位60周年庆典时期（图片来源：《生活》杂志）

服饰的袖子以泡泡袖、耸肩袖等高高挺起的袖型为主要特点，肩部或者衣角的轮廓都会有明显的尖锐感。重收腰和服饰的立体感契合人体曲线。

从20世纪70年代开始，摇滚风格盛行，其也被称为“朋克之风”。这种风格在服装设计中流行开来，使服装具有明显的哥特式印记。具有一种独特的个性，受到一些年轻人的喜爱。

哥特式服装主要是想给人一种神秘、高贵的感觉，其次哥特式着装一般搭配带有宗教色彩的配饰（如十字架），给人一种冷艳感。

延伸到现代服装设计中，如果想要设计出哥特风格的服饰，那么可以从颜色、廓型和面料的选择上入手，只要抓住其精髓，就能够体现出强烈的哥特元素。

①颜色：哥特风色彩上一般分两大类，一类是最常见的黑色系列，另一类是各类深暗纯色。而一些拥有充满宗教主义色彩的红色，与暗黑风格格不入的白色、深邃魅惑的紫色偶尔也会出现在哥特风的着装中。

②廓型：受到建筑风格的影响，哥特式服装在裁剪上有了明显的变化，由直线裁剪变为立体裁剪，也由曾经的宽衣变为窄衣。哥特式服装风格还体现为高高的冠戴、尖头鞋，衣襟下端呈尖型和锯齿等锐角，织物或服装的光泽和鲜明色调则是哥特式教堂内花窗的体现。

③质地：传统哥特式风格女装的材质以丝绸、亚麻和细棉布为主，为了体现华丽和浪漫，通常也会使用许多价值不菲的名贵面料，现代哥特式女装表现注重视觉刺激的效果材质，如有透视效果的蕾丝、网眼状面料，隐约透出白皙的肤色。

二、流行趋势应用场景、分类与传播理论

（一）流行趋势的三种应用场景

流行趋势一般以季度为时间单位，而设计师因为工作需要则提前若干季进行流行趋势的研究。一般有三种场景的流行趋势应用：

①日常——大众消费者[1]。

②工作——服装设计从业人员。

[1] 人众消费者：大众指众多，大众消费者是指生产产品与需求者的一个交换环节，大众消费泛指物质需求与精神需求。他们往往受到KOL和KOC的引导而进行消费。

③机构——行业专家。

这三种不同场景，都被称为流行趋势，可能内容相同，但是其作用力并不是同一件事情。要搞清楚流行趋势的特征，首先要明确研究的对象是哪种场景下的流行趋势。另外就是要根据时间和影响力这两个指标来判断其类型。一般我们会以坐标的形式找到流行趋势相对应的点位，然后根据其所在的位置判断其类型，参见前图1-4。

大众消费场景中的流行趋势，使用人群是大众消费者，借流行趋势有目的性地引导消费者进行消费，这种流行趋势的流行周期是根据消费者的反应而定，影响力也是根据消费者的反应而定的，这种类型的流行趋势当它面世的时候，大部分都是被品牌有意识地推向市场和消费者的，其主要目的就是促进销售。因此这个类型的流行趋势是真金白银堆砌出来的，因为它们需要经受市场的考验。

服装设计场景中的流行趋势，使用人群一般是服装行业的从业人员，其目的是先于市场洞察判断流行趋势运用于设计生产之中，此类流行趋势的流行周期一般提前1～2季，视品牌产品的需求而定（一般越是快时尚越是提前周期短，但运动品牌提前周期较长）。这种类型的流行趋势是被设计师们精心挑选过的，然后以产品为载体释放出来面向消费者，也就是说，这个场景下的流行趋势是大众消费场景下的流行趋势的前身，是经过从业人员打磨之后才进入市场的。

预测机构场景中的流行趋势，使用人群一般多为行业专家，其目的是为服装行业从业人员提供灵感和创作素材，周期一般提前1～2年，影响力波及整个产业端。

任何类型的流行趋势都不是凭空出现的，那么到底是谁创造了流行趋势呢？除了本书上面章节中提到的经济、政治、社会、科技、宗教、人文价值观等因素外，流行趋势需要人为地从这些原始素材中提炼出来，并加以打磨修正判断它是否会被市场接纳。

（二）流行趋势的分类

根据流行的时长和影响力，进行不同的排列组合，得到四个类型的流行趋势，如图2-26和图2-27所示。

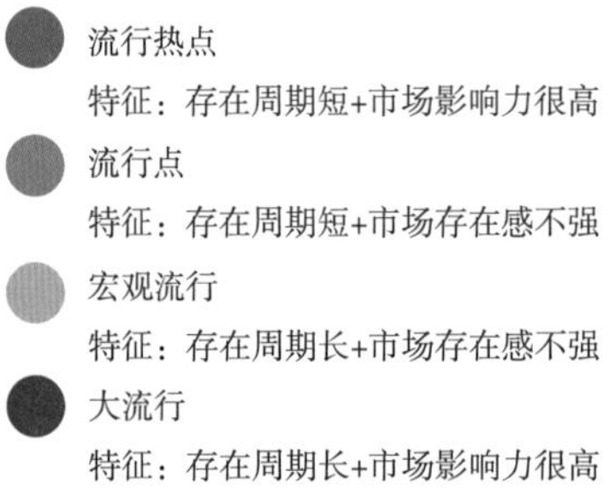

流行热点

特征：存在周期短+市场影响力很高

流行点

特征：存在周期短+市场存在感不强

宏观流行

特征：存在周期长+市场存在感不强

大流行

特征：存在周期长+市场影响力很高

图2-26　四种流行趋势的特征

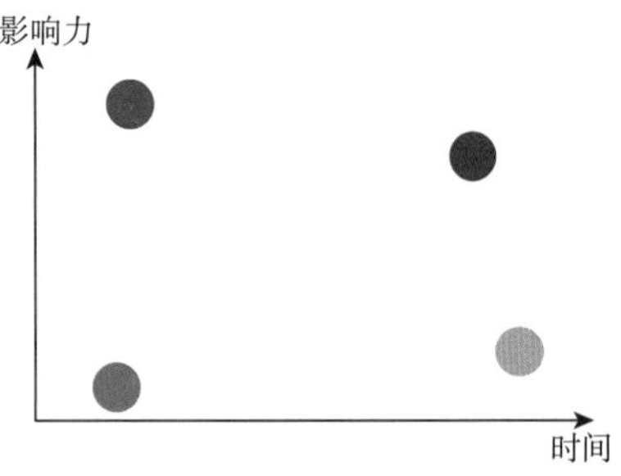

图2-27　四种流行趋势象限图

根据四种趋势存在周期长短及市场影响力，我们对以上四种类型重新提炼和排列组合，流行趋势大体可分为三个类型：宏观趋势、流行风潮、潮流警报。

①宏观趋势：存在时间周期非常长，渗透性强，植根于社会生活的各个方面，流行度和影响力一旦过了某个时期，就会呈现较稳定的表现。

②流行风潮：存在的时间周期相对较长，其影响力较宏观趋势弱，流行度会呈现抛物线，在初期崭露头角经过一段时间的酝酿达到顶峰随即慢慢减弱。

③潮流警报：存在的时间周期最短，可以描绘成特定时间内暴发性出现，流行程度和社会影响力在其流行周期内呈现指数性的暴发和传播，但生命力弱，短期内就会消失或被取代。

特别需要说明的是，流行点和流行热点的不同在于市场的接受度和影响力，市场是区别它们的标准，因此被市场淘汰的流行点可以忽略，而被市场接纳的则自动升级为流行热点。

因此我们将这几种类型的流行趋势罗列在图表中，呈现出不同的抛物线曲度，可以得到如图2-28所示的结果。

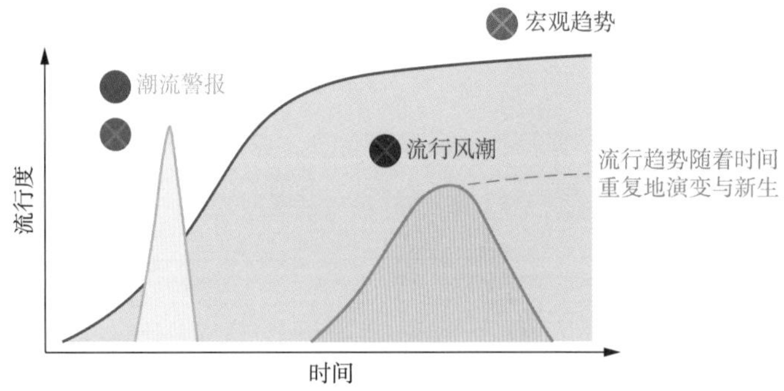

图2-28　三大类流行趋势的抛物线图

结合流行趋势概念中提到的三个关键词，就很容易对流行趋势的类型进行判断。接下来，我们看几个案例。

1.迪斯科风格（图2-29）

迪斯科风格的时间线：源自20世纪60年代的法国，70年代风行于美国，80年代席卷我国，90年代逐渐消沉。根据这个时间线和市场流行度在坐标轴上的抛物线可知，迪斯科风格有崛起的过程到达顶峰然后再开始下坡，因此可以得出结论，迪斯科风格属于流行风潮，在属性图上可以看到流行风潮的抛物线，如图2-30所示。

图2-29　身着迪斯科风格服饰的年轻男女

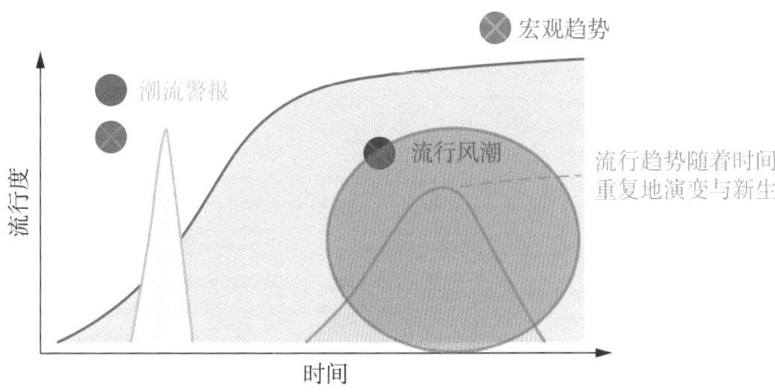

图2-30　迪斯科风格的趋势属性抛物线图

2.波普艺术

同样地，按照拆解三个关键词的方法，我们了解到波普艺术从出现开始一直发展到现在，以各种艺术形式在更迭自己的内涵，它的发展比较恒定，起伏不大，因此可以将波普艺术归类到介于宏观趋势和流行风潮之间的类别中。同样，我们也可以轻易地找到它的抛物线属性图，如图2-31所示。

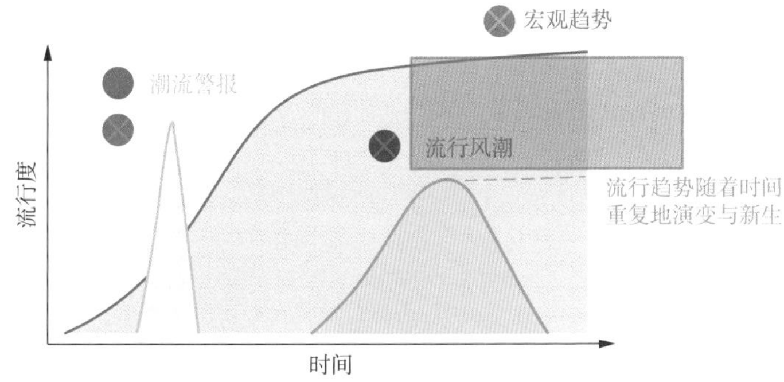

图2-31　波普艺术风格的趋势属性抛物线图

3.超级亮色（图2-32）

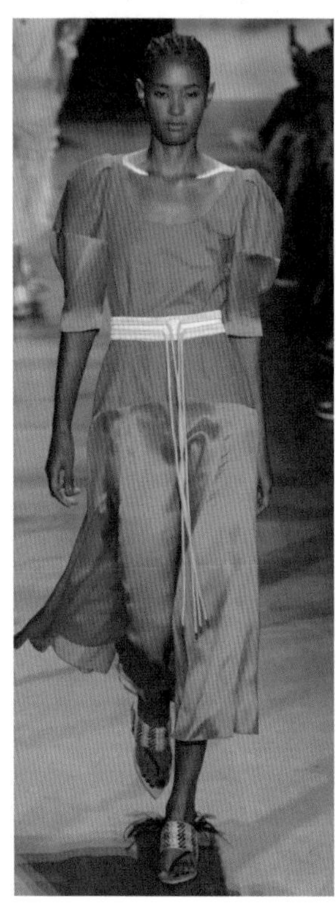

图2-32　纽约时装周上的超级亮色在各品牌中的应用

超级亮色属于在设计服装过程中所涉及的一个要素——颜色。这组荧光质感的颜色给人以清新动感，非常抓人眼球。在某一个季度或者某些特殊品类中会特别适合运用，但是适用的范围会有一些限制并且流行的周期也并不是很长久，因此我们可以判断超级亮色属于潮流警报。超级亮色在抛物线属性图上的位置如图2-33所示。

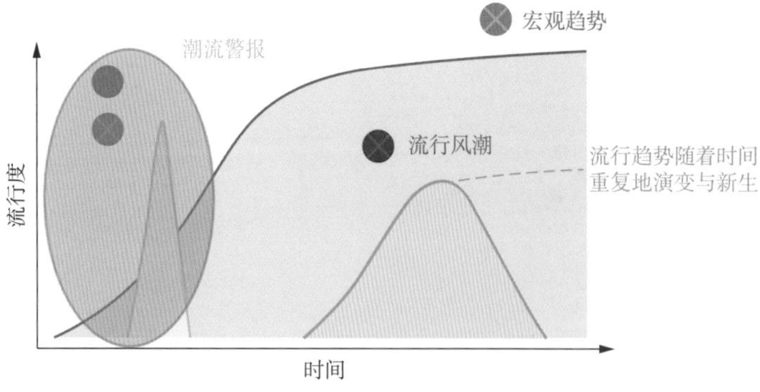

图2-33　超级亮色的趋势属性抛物线图

（三）流行趋势的传播理论

流行趋势由于其类型特性的不同，所以适合传播的模型也不同，另外由于流行趋势不是定型不变的，会随着市场而转变，那么一旦进入转变阶段，传播的方式又要随之进行调整，所以这是一个相对复杂的课题。

根据流行趋势的特征，最常见的传播模式可分为两种：线性传播和散点传播。

1.线性传播（扇形传播的基础）

线性模式又称直线模式，将传播的过程看作是单向流动。线性模式使人们能够以一种简明的图形对传播过程的结构和特点进行直观的、具体的描述，它的缺陷是忽视了“反馈”这个要素将传播者和受传者固定化，忽视了传播的双向性，不能充分揭示人类传播的互动性质。

在时尚领域，线性传播主要受限于地域、宗教、人文、风俗习惯这些因素，其效率很高，作用力明显，但是因辐射面积小导致很难引起大流行，由于互联网的发达，这一现象已经得到了很大改善，我们也可以称其为“扇形传播”（图2-34）。

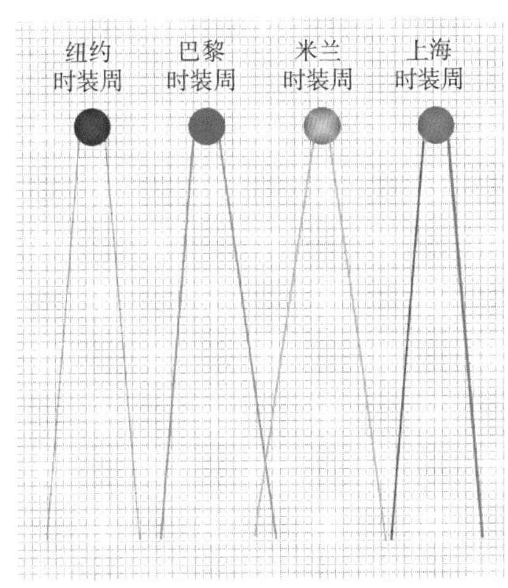

图2-34　线性传播的模型示意图

2.散点传播

散点传播是基于互联网发达的大时代背景下而衍生出来的一种传播模式。在时尚界，流行并不单是自上而下或自下而上传播，也可以在各个阶层中水平传播。随着工业化进程和社会结构的改变，在声势浩大的宣传作用下，媒介把有关流行的大量信息同时向社会的各个阶层传播，于是流行实际上在所有的社会阶层中同时开始。这种状态无所谓高低、贵贱、上下，直接按照人们居住生活的方式进行动态传播。例如巴黎、纽约、米兰、伦敦、东京，它们以时尚的造型设计向全球扩散传播以引发流行，而与其他因素无关（图2-35）。

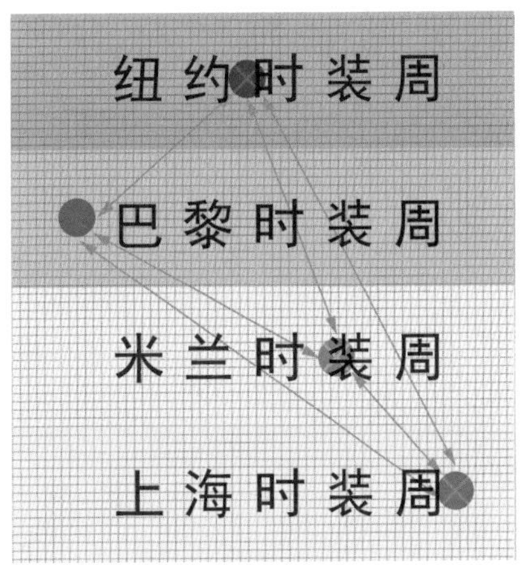

图2-35　散点传播的模型示意图

3. 两种传播方式比较

两种传播模式各有优点，利用它们的差异性可以更好地结合自己的产品进行宣传，提高产品的活化。要注意的是，如果用错了传播方式可能会造成事倍功半的结果。

扇形传播：原型是线性传播，这种传播方式的优点在于精准传达，将想要传达的流行趋势和目标市场进行强链接，资源相对集中、高效。但缺点是，少了市场反馈的环节，使得这种传播方式变得比较单一。扇形传播适合确定的具体的商业性的流行趋势，面向定向的人群和地域，传播高效精准（图2-36）。

散点传播：最大的优点在于双向性，接收方可以将自己的反馈传回给散播方，并在这个过程中进行修正。另外散点传播，可以以点触达更多的点，而这些点慢慢会聚集成面，而这种量变可以帮助流行趋势改变其类型。可见传播方式的重要性。散点传播适合新兴的流行趋势在初期发展时候进行使用，试探市场反应，搜集反馈信息，传播面较广，不分地域、不分时间，但是力度不能保证，受周边因素的影响较大（图2-37）。

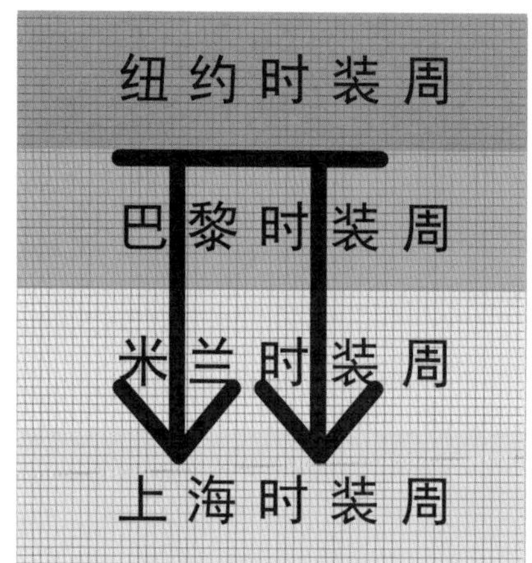

图2-36　线性传播的路径示意图

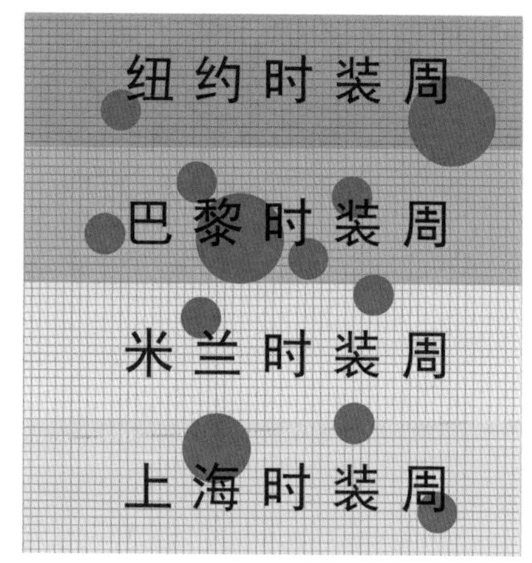

图2-37　散点传播的路径示意图

接下来，我们以几个不同的例子来阐述一下不同的流行趋势适合的传播方式。

（1）超级亮色（图2-38）

我们已经得知了超级亮色属于潮流警报，且这个热点趋势是在2019年的纽约时装周发布的，流行点比较具体细密，在初级阶段会接受这种流行热点的人群可能并不是那么大范围，更加容易影响的是本土的受众，因此在选择传播方式的时候，可以选择扇形传播的模型（图2-39）。

图2-38　2019春夏纽约时装周——超级亮色（图片来源：WGSN趋势机构）

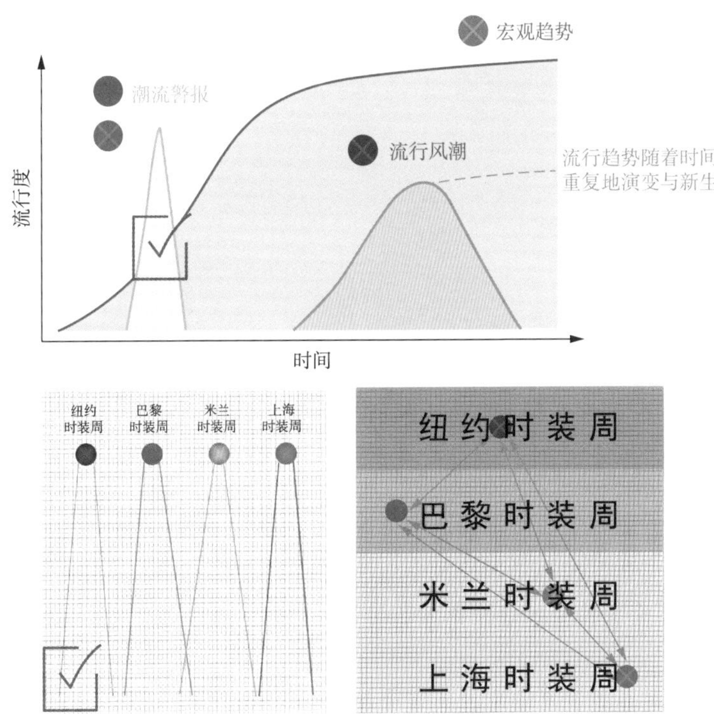

图2-39　超级亮色案例分析图

（2）千禧辣妹复兴风潮（图2-40）

图2-40　典型的千禧辣妹穿搭，品牌：Illustrated People

首先判断这种流行趋势的类型为流行风潮，这种趋势适应的受众面和地域相对较广，因此可以判断它更适合散点传播的模式（图2-41）。

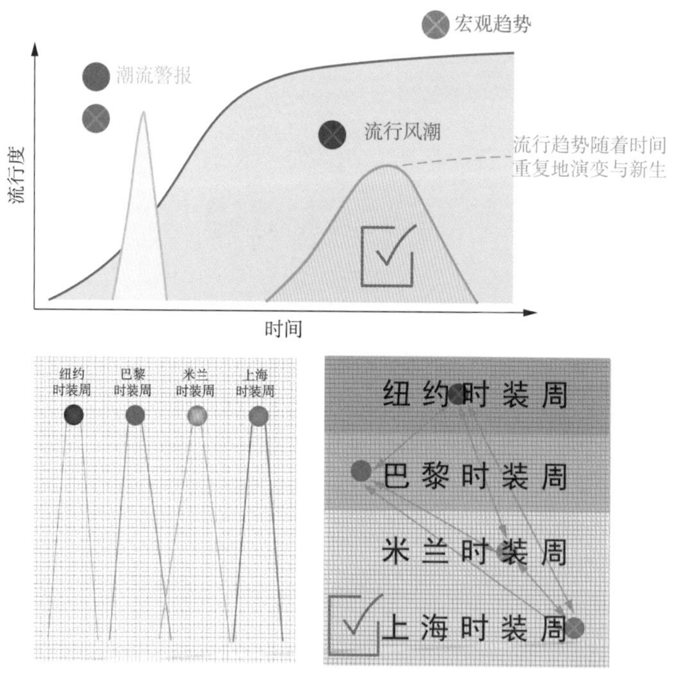

图2-41　千禧辣妹复兴风潮案例分析图

(3)包容性设计(图2-42)

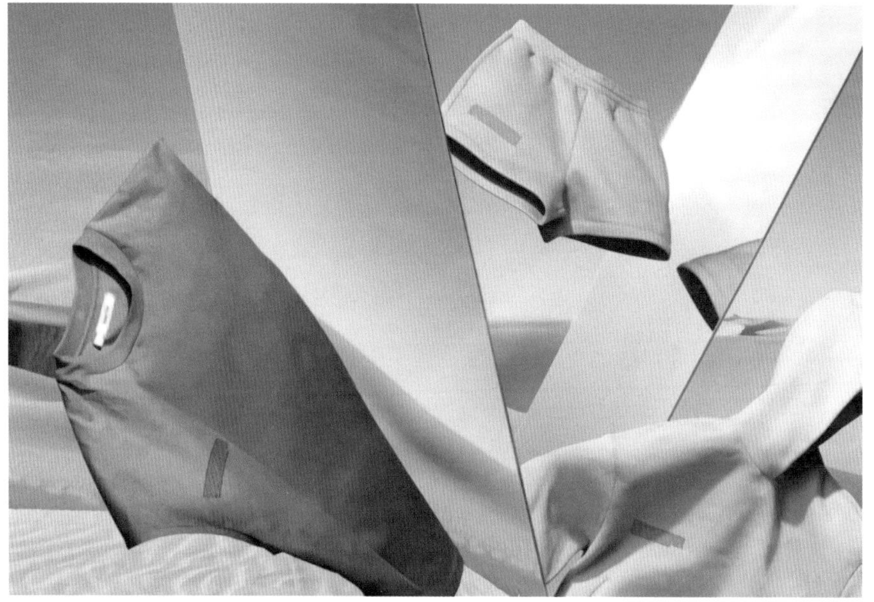

图2-42　包容性设计的意向图

包容性设计属于设计方式的一种，同时它也代表了某种潮流趋势，包容性设计讲究的是一种设计理念，并没有固定的设计风格或者色系的规定，因此可以判断，它属于宏观趋势并适合两种传播模式(图2-43)。

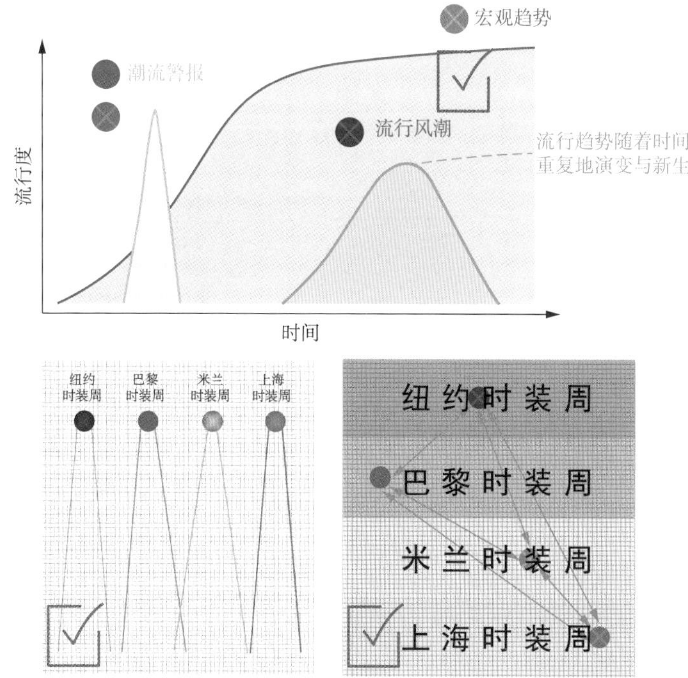

图2-43　包容性设计案例分析图

三、中国近代服装流行趋势和款式风格的演变

流行趋势其实一直是动态变化的，会受到PEST模型中的要素影响，不同类型间的流行趋势会进行转化，这种转化体现在颜色、面料、廓型、板型、工艺等方面。

流行趋势的生命周期并不可以用单位时间来衡量，而是一个动态变化的过程。这个过程可能只有一个月，可能经久不衰持续数十年，一切都要由市场来决定。

一般来说，流行趋势从出生到消亡会经历六个阶段，而每个阶段并非平均划分时间长短，而是根据市场的反馈各有不同。另外，要注意的是，流行趋势往往是一种轮回，在沉默了一个周期之后，会以另一个姿态回归（图2-44）。

根据某种文化驱动、宗教信仰、社会需求、消费情绪等因素，流行趋势或者流行的风格都会以全新的姿态重新回归，我们可以将其解读为趋势升级。

创新	兴起	接受	流行	消退	萎缩
流行创新者在流行循环的创新阶段中，即采用了新的款式	KOL和早期的追随者，会在流行的阶段介入	主流市场的消费者关注这种款式的时机，则是在接受阶段中	大众消费者开始购买这个款式或者追随这种生活方式并且努力传播在自己的社交圈	晚期的流行追随者，则在消退阶段才采用这种模式	与流行无缘或反应迟钝的个体，在衰退阶段才会采用这种款式

图2-44　流行趋势发展的周期图

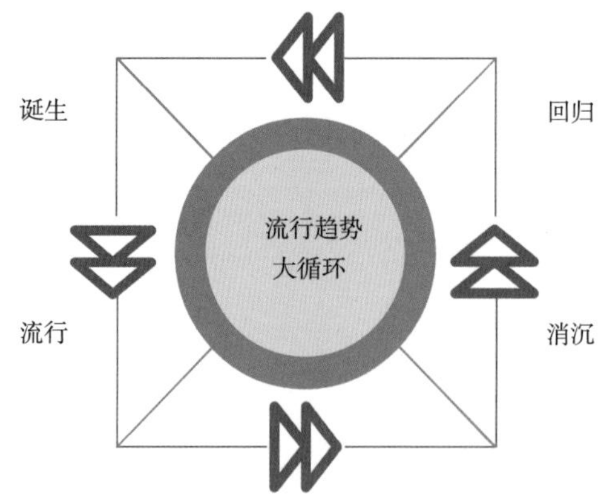

图2-45　流行趋势循环示意图

流行趋势就是一个大循环，在服装发展的历史过程中，不难发现，若干时间段之后，流行趋势会以另一种姿态回归我们的视野之中。而这个复古大潮之中则蕴含了人们对过去历史的回忆（图2-45）。

我们通过回顾中国近代服装流行趋势的演变和款式变化，可以从中展望现在和未来服装流行趋势和款式的走向。同时，体会一下潮流趋势在中国演变的过程和周期。

（1）20世纪初

传统服饰开始受到新兴服装形式的影响，对服装服饰的流行形成了强烈的冲击。在这个时期，纷纷涌现了许多思想进步的年轻男女，尝试新款式的想法开始萌动。

款式：以直筒廓型的传统旗服为主。

面料：面料质地的选择也是遵循传统式样。

（2）1911年

辛亥革命废除了封建帝制，中华民国成立，沿袭千年的冠服制度也跟着被废除了，这时中国的服装出现了一次根本性的变化。当时在城市中流行中式的袍袄加西式的花冠头纱，手持花团，被称为“文明”婚礼。孙中山先生结合中国服装原有特点，参考了西装样式，亲自设计了“中山服”，成为当时政府规定的男子新服制。

款式：中山装是那个时候的标志服装，特点是西装的款式结合中式立领，单排扣，勾勒身型。

（3）20世纪20年代

20世纪20年代旗袍开始流行，旗袍本意为旗人之袍，只要着于身，它便能婉约勾勒出东方女性的身体曲线，将一份含蓄的性感表达得淋漓尽致。民国是一个独爱旗袍的时代。每次《月份牌》广告海报推出、抑或是一部新戏上映，模特和明星们穿着的旗袍总是能引发一阵潮流（图2-46）。而与此同时的欧美国家，晚礼服已经开始流行，从皮肤的裸露度和线条的走势来看二者有着相似之处。

图2-46　20世纪20年代民国街头穿着旗袍的女性

款式：旗袍贴合身型的设计，尤其是体现在腰线处，完美体现了女性的身材曲线，以立领为主，长短由膝盖至脚踝不等。

（4）20世纪30、40年代

这个时期，人们对服装的要求并

不高，以朴素为主。于是，当时最为简洁、实惠的“列宁装”就成为人们的日常标配着装。尽管“列宁装”非常中性，很多劳动妇女穿列宁装时都会加上一条腰带，以这个“小心机”凸显自己的身材曲线，干练利索，还十分精神。

款式：大开领、双排扣、两侧各有一个斜的口袋，基本上是黑 、蓝 、灰三色，非常中性。

（5）20世纪50年代

“布拉吉”是俄语“连衣裙”的音译，为苏联时期女子的日常服装。20世纪50年代，在中国大众的视野中，多是苏联的画报、期刊和电影，那里面人物的着装和专门开辟的时装专栏间接影响着中国大众的审美，身穿“布拉吉”的苏联援华女专家则成了大众直接模仿的对象。

款式：收腰的连衣裙、面料色彩丰富、翻领做装饰、体现青春活泼（图2-47）。

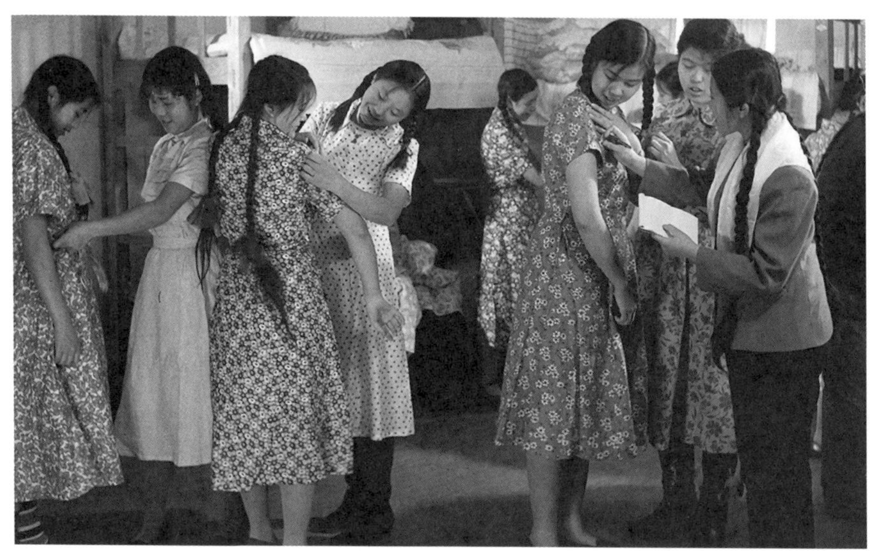

图2-47　20世纪50年代在宿舍的女同学们互相整理衣裙

（6）20世纪70年代

改革开放前夕，远在太平洋彼岸的欧美地区，正掀起一股即将风靡全球的嬉皮士文化，并在20世纪70年代后期开始进入中国。70年代后期，人们的服饰审美正处于萌芽阶段，服饰的寒冰也跟着消融。70年代后期，以卡其布制成的职业装、学生装等重新流行，服装的生产商开始重视衣服的裁剪与设计了。

品类：西裤、连衣裙、中山装混合流行（图2-48）。

（7）20世纪80年代

1978年改革开放后，中国人重新开始重视服饰，年轻人迫不及待地渴望自由和新鲜事物，花格衬衫、大喇叭裤、蛤蟆眼镜、长头发、大鬓角、小胡子成为

“前卫者”的标配。20世纪80年代，服装开始与国际接轨，进入多元化时代，尤其是港风盛行的年代，女性开始勇于尝新，街上出现不少穿着鲜艳的美女。美国电影《霹雳舞》一经引进，引起不少年轻人的骚动。太空步被视为当时最流行、最酷的舞蹈，开始席卷内地。紧身衣、蝙蝠衫、头带等成为时尚标配。

图2-48　20世纪70年代百货公司年轻妇女的留影

款式：这个时期的服装款式开始多元化，如喇叭裤、蝙蝠衫、花格衬衫等，呈现出比较典型的迪斯科风格（图2-49）。

图2-49　20世纪80年代的迪斯科风格席卷神州大地

（8）20世纪90年代

20世纪90年代接轨国际，随着国家改革开放，经济开始腾飞。同时，因为香港回归祖国，更多香港电视剧开始映入内地观众的眼帘，引发了一股港风时装潮流。港剧中的办公室女郎，穿着一套干练端庄的西装，脚踏咯噔咯噔的高跟鞋，散发出叱咤风云的气场，引发了许多年轻女性的追逐。20世纪90年代末，越来越厚的松糕鞋、越来越短的超短裙、越来越露的短背心，女孩们开始无所顾忌地诠释着时尚新理念（图2-50）。

图2-50　20世纪90年代街头时髦女性的穿搭

款式：服装逐渐开始裸露，低胸线、短裙摆，体现美好身材，文化更加包容，妆容和发型也更多样化。

（9）千禧年

凸显个性自成一派的“90后”是中国第一批弄潮儿，彼时正处于个性审美形成时期。光怪陆离的装扮充斥街头，成了当时的主流审美，几乎所有的年轻人趋之若鹜，也是当年戏称的“非主流”装束。男生也开始蓄起长发，那个年代的日韩潮流席卷我国，所以服装风格也受到很大的冲击。

款式：着装逐渐融合各种款式，如短裙、松糕鞋、小马甲、蓬蓬裙等，受日韩文化的冲击较大（图2-51）。

（10）当代

中国风走向国际，现在只要动动手指刷刷手机，每天都能迅速获得国际上最为流行的时尚资讯。五花八门的奇装异服，每个街拍达人都在极力显示自己的独特个性，带给人们精彩的视觉盛宴。21世纪，中国的时尚消费在世界名列前茅，中国人热爱时尚、追逐时尚，中国本土品牌也打破原有僵化形象，一再突破（图2-52）。

图2-51　千禧辣妹典型穿搭（图片来源：WGSN趋势机构）

图2-52　新中式款式重新回归，品牌：夏姿·陈（2022秋冬）

最后，我们用下面这张流程图来概括整个流行趋势演变的过程，如图2-53所示。

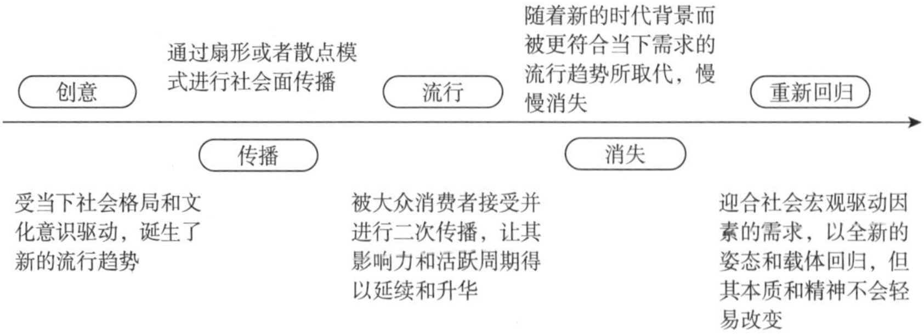

创意

受当下社会格局和文化意识驱动，诞生了新的流行趋势

传播

通过扇形或者散点模式进行社会面传播

流行

被大众消费者接受并进行二次传播，让其影响力和活跃周期得以延续和升华

消失

随着新的时代背景而被更符合当下需求的流行趋势所取代，慢慢消失

重新回归

迎合社会宏观驱动因素的需求，以全新的姿态和载体回归，但其本质和精神不会轻易改变

图2-53　流行趋势演变进化图

3

第三章

当代流行趋势的现状及其对款式和板型的影响

随着社会的发展，人在不同的时期总会不断涌现各种社会需求，这也刺激着服装不断地变换出新的款式以满足不同消费者的需求，这些服装款式的变化，离不开板型设计的创新和支持。本章将会对当代服装流行趋势对款式和板型的影响展开详细介绍。

一、板型的简介

（一）板型的定义

狭义的板型是指裁剪衣片用的样板，广义的板型是指以服装款式造型和特定人体为依据所展开的结构设计，是服装成型理论实际化的重要表现载体。

（二）板型设计的重要性

如图3-1所示，在服装整体开发制作过程中，服装板型设计是承接服装设计与服装制作流程中的重要环节，它是服装制作过程中的首道工序，是以人为对象，以服装效果图或服装款式图为依据，来指导服装裁剪和生产。它通过对服装结构分析计算，结合人体工程学原理，将其立体分解展开，形成平面的服装衣片的一个过程。

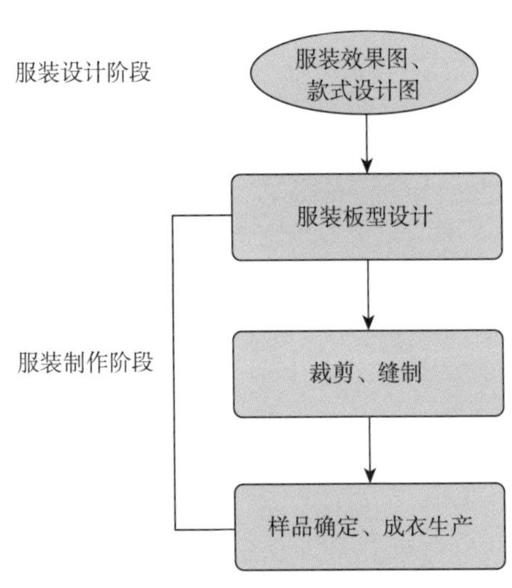

图3-1　服装开发流程图

板型设计研究的是服装结构设计的内涵，是服装款式设计的延续和完善，是工艺实现的前提和基础，因此板型设计被视为整个服装实现过程的重要环节，板型在现代服装工程中是最具技术性的内容，是企业之间竞争的核心技术，已逐渐成为企业品牌的符号和象征。

前面我们提到了板型设计是将设计师的理念通过各种分割、融合和工艺转化成为实物。但是在实际操作中发现，分割线的位置、省量的控制、工艺的精细程度等一些细微设计是最后真正决定一个成衣作品是否完美的实现手段。为了将这些工艺手段恰如其分地结合在一起，同时更好地去体现设计师的设计意图，就需要板型设计师们具备拆解款式图和理解设计师意图的能力。这样才能让产品真正具备竞争力，避免市场同质化的窘境。

要成为一名优秀的板型设计师，所需要具备的技能中拆解款式图和理解设计师意图这两点非常关键。因此，款式设计最终决定板型设计。要达到精准高效的制板目的，那么就要从源头学习和了解设计师的款式图是如何产生的。

服装设计拥有悠久的历史，设计师们从服装发展的过程中，不断吸取新鲜的实物作为灵感，推陈出新，一轮接着一轮地更新时尚潮流，因此，了解服装发展的历史和读懂流行趋势是作为优秀的板型设计师应具备的服装设计理论知识。

（三）板型设计的形式和要素

板型设计包含了廓型、分割线、领型、袖型、裤型等设计要素，在众多要素之中，廓型是最基础的第一大要素，其他设计要素都是基于廓型的基础上进行设计。因此研究透彻廓型的含义就十分重要。

廓型（Silhouette）是指服装的外部造型剪影，指的是着装后在逆光环境中整体外轮廓所呈现的形态，体现服装的结构、风格及款式等含义。纵观中外服装史，服装的变迁都是以廓型的变化来实现的。廓型作为服装大合集的第一步尤为重要，它决定服装的总体气质。流行的预测也是从服装的廓型预测开始的，设计师可以从服装廓型的更迭变化中分析出规律，进而可以更好地预测和把握服装流行的趋势。

服装廓型是服装款式造型的第一视觉要素，也是服装款式设计中首先要考虑的因素，其次才是分割线、领型、袖型、袋型等内部的部件造型。对于服装款式的流行预测，也常由服装廓型开始，把它作为流行款式的研究基准。服装廓型变化的四个关键部位为肩、腰、臀以及服装的底摆（底摆就是底边线，在上衣和裙装中通常叫下摆，在裤装中通常叫脚口，也是服装外形变化最敏感的部位）。服装廓型的变化，主要围绕着人体对这几个部位的强调或掩盖，根据强调或掩盖的程度不同，形成了不同的廓型，它是服装造型的根本，是对所有服饰外轮廓进行的简明扼要的概括，如图3-2～图3-4所示。

图3-2 肩线的位置、肩的宽度、形状的变化

图3-3 腰线的高低和松紧，形成高腰与低腰、束腰与松腰

图3-4　底摆线长短变化、形态变化、围度变化

（四）廓型的分类

一般说来，廓型根据所呈现出来的大致轮廓，有以下三种分类方式：

①字母形分类：可分为A形、H形、X形、T形、O形五种，这种分类更简单，方便交流和传达。

②几何形分类：如长方形、正方形、圆形、椭圆形、梯形、三角形、球形等，这种分类方式整体感强，造型分明。

③物态形分类：如郁金香形、喇叭形、埃菲尔铁塔形、美鱼尾形等，这种分类更为形象，便于辨别。

为了方便交流，本书关于廓型的介绍，均采用字母型分类方式，以下关于廓型的介绍围绕字母型分类展开。

1.A形廓型

A形是上窄下宽的平直造型，它通过收缩肩部、夸大裙摆而形成一种上小下大的梯形造型，使整个廓型类似大写的字母“A”，A形上衣和大衣以不收腰、宽下摆，或收腰、宽下摆为基本特征；上衣一般肩部较窄或裸肩，衣摆宽松肥大；裙子和裤子均以紧腰阔摆为特征。这类廓型结构以弧线为主，往往给人以稳重、优雅、浪漫、活泼的效果，常见的服装如喇叭裤、A形裙等（图3-5）。

图3-5　A形廓型（图片来源：WGSN趋势机构）

2.H形廓型

H形是一种平直廓型，它弱化了肩、腰、臀之间的宽度差异，外轮廓类似矩形，整体类似大写字母“H”，具有挺括简洁之感。此类服装由于放松了腰围，因而能掩饰腰部的臃肿感，总体上穿着舒适，风格轻松。H形廓型造型特点是以肩部为受力点，不强调胸、腰、臀三围曲线。这类廓型结构线一般以直线为主，简洁修长，具有中性化色彩，常见的服装如直筒裙、直筒型外套等（图3-6）。

图3-6　H形廓型

3.T形廓型

T形廓型表现出强烈的男性特点，常常出现在男性服饰设计中。T形廓型类似于倒梯形或者倒三角形，其造型特点是肩部夸张，上宽下窄的造型形成内收特点。T形廓型以其潇洒、大方、硬朗的风格，成为男性服饰的代表。近年来女性服饰也采用了T形廓型。T形廓型在一些较为夸张的表演服和前卫服饰设计中运用较多（图3-7）。

图3-7 T形廓型

4.X形廓型

X形廓型是通过夸张肩部、增加衣裙下摆、收紧腰部，使整体外观显得上下部分宽松夸大，中间窄小的类似字母“X”的造型，X形与女性身体的优美曲线相吻合，可充分地展现和强调女性的魅力，这是一种具有女性色彩的廓型，款式上通过夸张肩部、收紧腰部、扩大底摆获得，结构线以曲线为主，整体造型优雅而又不失活泼感（图3-8）。

图3-8 X形廓型

5.O形廓型

O形廓型的造型重点在腰部，通过对腰部的夸大、肩部适体、下摆收紧，使整体呈现出圆润的O形观感。O形廓型充满幽默而时髦的气息，是此种廓型独有的特点，多用于创意装的设计。此廓型的结构线以长弧线为主，有休闲、舒适、随意的造型效果，常见的生活装如孕妇装、灯笼裤等（图3-9）。

图3-9　O形廓型

二、流行趋势对款式和板型的影响

（一）流行趋势影响款式和板型的底层逻辑

服装与美学息息相关，一个时代有一个时代的审美标准，这也要求服装产品要紧跟时代的审美标准。从古至今，人们对于美的标准不断变化，其中有相似也有不同，但是不可否认的是人们对于美的追求是不断进步的。所以，服装是有时代性的。想要理解服装的时代性要从两个方面来进行：一是趋势，即社会形态的变化或者是人们心理的变化都会引起人们审美兴趣的改变；二是引领，服装开发时刻要注意的问题是创新，如果一成不变，那么只能沦为落后的象征，最终被时代所淘汰。作为服装从业人员，只有时刻关注社会的变化、了解人们的需求，在服装的各方面不断创新，才能在社会发展中引领时代的审美（图3-10）。

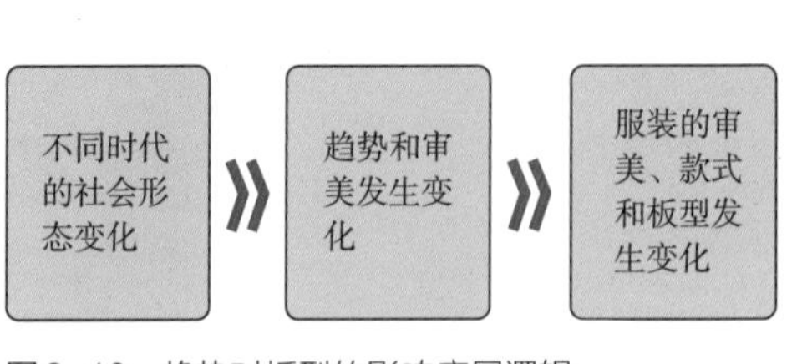

图3-10　趋势对板型的影响底层逻辑

（二）不同流行背景下的款式和板型特征

服装是可以代表一个时代精神面貌的造型，通过服装的变化和流转，可以窥视到那个时代人们的审美观甚至是价值观，因此，了解不同背景下的服装特征变得非常有意义，可以帮助人们站在现在回顾过去并且在此基础上展望未来。

1.好莱坞黄金年代（图3-11）

（1）时代映像

好莱坞风格主要指流行于20世纪30年代到40年代初的女装风格，因为受好莱坞电影服饰的影响较大，又称“好莱坞风格”。这一时期风格已不同于20世纪20年代服装风格和装饰感，充满好莱坞“梦工厂”式的华丽效果。好莱坞风格女装简洁中透出高贵，成熟中带点冷艳，线条流畅，造型简练，突出强调女性的妩媚、娇嫩和雅致，表现为冶艳、奢华、高贵，是经典的女性化风格。

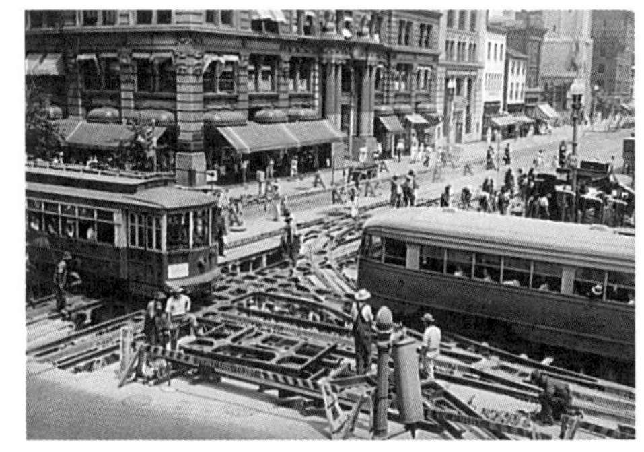

图3-11　1941年7月美国华盛顿街头场景

（2）款式和板型特征

廓型：好莱坞风格女装宽肩、细腰，裙摆紧窄贴体，充分展现女性的曲线身材。很有悬垂感的面料和制作方法突出表现胸部、腰部和臀部，但不张扬。裙子后片一般比前片长，肩部稍宽，整体呈优美A形、X形廓型。

领部：领线开得很低，大的翻领，有时会加上大大的蝴蝶结或松松地系上围巾，强调上身的丰满感，与细腰形成对比。

肩部：是设计师关注的重点，通过加垫肩形成方肩造型。在袖肩上，有圆形的荷叶边、层叠的薄纱、褶裥处理的连肩袖、布制的花朵装饰等使肩部成为焦点。此外也以毛皮装饰于肩部，极尽奢华感。

背部：背部是设计重点，大面积裸露，利用斜裁设计手法，有很多三角形的结构，背部呈深V形袒露出大三角形。

袖子：有不同长度的瘦长的袖子，在袖窿处抽褶或捏褶裥。由于受好莱坞电影的影响，连衣裙的袖山常设计成造型各异、波状起伏的多层荷叶边。

腰线：套装、外衣都紧凑合身，腰线回到正常位置，以公主线分割服装，无腰线分割，通常加上腰带强调腰部（图3-12）。

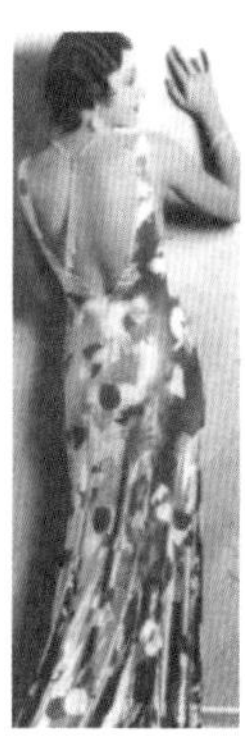

图3-12　20世纪40年代女装造型（领部、肩部、后背、袖子）

2.优雅New Look（图3-13）

（1）时代映像

代表人物：奥黛丽·赫本（Audrey Hepburn）（图3-14）、玛丽莲·梦露（Marilyn Monroe）（图3-15）。

图3-13　20世纪50年代女性着装图

图3-14　奥黛丽·赫本

图3-15　玛丽莲·梦露

时至今日，“赫本风”依然深受各年龄层消费者的喜爱和追捧，她在《罗马假日》中的着装始终惊艳众人，高腰线的大摆蓬蓬裙更是深深地烙上了赫本的影子。

梦露是20世纪50年代性感的代名词，她身穿具有代表性的“New Look”设计走红，优雅的大A摆，上身是针织衫。

风格：20世纪50年代的服装风格，基于女人热衷打扮自己的美好愿望，女装重新恢复表现女性的妩媚美感，有格调，讲究气派，体现出隆重、高雅、端庄、精致的特性，同时常有奢华感，克里斯汀·迪奥（Christian Dior）的

“New Look”女装即是代表（图3-16）。

（2）款式和板型特征

图3-16 迪奥先生工作照

廓型：20世纪50年代是最能体现服装外观造型的年代，设计师为使服装体现女性鲜明的曲线，往往创造出诸多夸张的造型。许多外形轮廓均用形状或字母命名，如铅笔形、郁金香形、茧形、钟形、带有裙撑和内裙的气球形以及Y形、S形，带有公主线的X形以及阔摆的梯形等轮廓。当时的女装分作A形、H形、S形三种剪裁法，突显出女体的不同曲线。A形上身窄、裙身蓬宽，多用在日间休闲服中；H形上下窄直、腰身服帖，注重隆重高贵的剪裁；S形则突显玲珑曲线，性感的剪裁多用在晚装设计中，晚礼服有多种豪华而大胆袒露的设计，表现着这个时期女性对性感的追求。

领部：外套以小翻领、无领和夸张的超大领为主，与简洁的款式相吻合，同时也衬出女性娇小的面容。

肩部：女装的肩部合体，很少用硬垫，使肩部随着圆柔的自然肩线垂下，显出女性上肢的娇小柔媚之感。

3. 新潮思想百家齐鸣（图3-17）

图3-17 设计师皮尔·卡丹（Pierre Cardin）于1967年发布的时装系列

（1）时代映像

崔姬（Twiggy），这个有着娃娃脸、身材消瘦的模特极受时尚界的宠爱，时装杂志充斥着她身着超短裙、涂着浓黑眼影的另类形象，崔姬开创了一个时尚形象，她影响了20世纪60年代年轻人的时尚文化（图3-18）。

"烟装"的出现，代表的更是当时女权主义的觉醒。它让女性的礼服不再仅局限于裙装，穿上西裤之后，女人可以像男人一样迈着大步子走路，可以像男人一样一手叉腰一手夹烟，女人从此可以像男人一样行动，而不必再遵循老朽的妇人之道，处处迎合男人的喜好。从此西装不再是专属于男性的服饰，更成为女性日常可以穿着的一种服饰风格（图3-19）。

图3-18　模特崔姬

图3-19　烟装，品牌：圣罗兰

同时，20世纪60年代的嬉皮士风格、摇滚风格、太空风格，都对后来的服装设计行业产生了深远的影响。

在20世纪60年代中，人们理想的完美形象已从50年代优雅精致转换成不分性别、年轻、活力、简洁、有朝气，甚至带点儿童般的天真感。60年代的年轻人充满了梦想，各类前卫思潮占据了他们的心灵，时尚理所当然成为他们展现思想的领域，与他们的前辈相比，60年代的年轻人更愿意抛弃传统的审美，以一种反文化的形象出现，所以传统服装设计中的装饰，女性的古典美表现方式都被摒弃，取而代之的是以自然的造型、强烈的对比、夸张的配饰将服装塑造出清新又富有朝气的活泼可爱形象。

（2）款式和板型特征

廓型：20世纪60年代女装注重直线形式，剪裁简洁。造型以A形、H形为主。上身较合体，下摆向外展开。直筒短外套配超短的裙子是经典造型搭配，长短形成一定比例关系。

领部：20世纪60年代女上装较短小，装饰感强的小圆立领或彼得潘领成为设计的重点，而连身裙流行一字领、圆领或半立领。

肩部：肩部较窄，追求简练的设计效果，夏装以无袖为主，秋冬装袖身合体，细节处理简洁，无过于烦琐的装饰。

腰部：腰部结构宽松不强调纤细，腰部两侧线条柔和，腰线偏下，将人的视线集中在下身部分（图3-20）。

图3-20　20世纪60年代女性裙装图片

（3）标志性款式

超短裙是裙长在膝盖以上至大腿上部，底边平且裙摆较大，并在下摆处运用各种工艺手段装饰，将视觉向下引导的裙装。

整个20世纪60年代的时装中心在英国伦敦，其中最具震撼力的当属超短裙的流行。20世纪50年代裙长基本在小腿肚上下，1953年迪奥将裙摆剪短了若干英寸，曾引起了巨大反响。而英国设计师玛丽·奎恩特（Mary Quant）于1962年提出“剪短你的裙子”这一口号无疑更具革命性，1963年她在*Vogue*杂志上率先推出了惊世骇俗的裙摆在大腿上的超短裙，破天荒地使用了具有湿漉漉效果的聚氯乙烯（PVC）作裙装面料，配带有儿童意味的彼得潘领，并在设计中使用了白色塑料雏菊，一场时装设计革命就此展开。1964年安德烈·库雷热（Andre Courreges）在巴黎时装发布会上推出膝上5cm的迷你裙而产生更大的影响。他让迷你裙变成接受度更高、更体面的服装，而不是只能期待在街边看到的流行服饰。虽然超短裙受到保守思想的批评，但它因有超摩登和年轻化的感觉而得到大多数年轻女性的喜爱，并把它作为完美典范，这也使20世纪60年代初的伦敦服装界以创新年轻服饰而领导了世界的时装潮流（图3-21）。

图3-21 玛丽·奎恩特设计的超短裙

4.梦幻乌托邦（图3-22）

图3-22 20世纪70年代欧洲街头

（1）时代映像

在时尚多元化的20世纪70年代，服装已渐露休闲风端倪，风格呈现多样性特征，造型呈上紧下松特点，街头服饰、牛仔裤、热裤、朋克装扮、运动风貌都深受年轻一代的欢迎。源于20世纪60年代的宽大喇叭裤、紧身短夹克及中性装扮等在70年代风靡世界。此时军装风格服装也占据相当势头，出现了用粗犷的斜纹卡其布、灯芯绒制成的工装和裤子。

20世纪70年代的服装款式和穿着不受传统时装规范的约束，充斥着随意、自然和简朴的风格。服装向两个极端发展，裙子和裤子或者非常短，以致形成超短裙和热裤的风格，延续了60年代的时尚；或者裙长至脚底，脚口极宽，整体飘逸而具率性。服装的中性化趋向达到了前所未有的程度，“无性别装”在外观上看既适合男性又适合女性，裤子已经完全得到妇女的接受。总体上，20世纪70年代风格女装呈现轻松、随性、简洁、夸张，并带有一丝硬朗的感觉。

（2）款式和板型特征

廓型：20世纪70年代女装款式注重廓型结构、设计简洁，上衣部分较短且很合体，以色彩图案、款式结构、搭配变化来表现。而下身重点表现为造型体块，裤和裙在臀部紧裹，膝盖处向外展开，裙摆、裤腿尺寸宽大，并作适当装饰，如开口、拼接、缉线、折边、装饰荷叶边、刺绣等手法，同时以低腰结构相伴。裙长有所波动，大致为中长长度，在膝盖以下甚至到脚踝附近，感觉下身较重。常见搭配有褶裥迷你裙配衬衫，宽松衬衫、短外衣配喇叭裤，大印花衬衫搭配宽口喇叭裤、牛仔裤等。由年轻时尚和中性形象带来的服装造型基本是上身紧身狭窄，下身至膝盖处向外展开，裤装、裙装造型似金字塔状。整体造型呈细长的长方形重心向下沉。

衬衫：款式造型各异，设计上借鉴了男装结构。带男性味的素色和印花衬衫，一般是直线裁剪，强调肩部。在穿着时将衣领高耸，袖子蓬起。

裤装：造型夸张的喇叭裤无疑是20世纪70年代的代表款式，它集中体现出年轻人叛逆和自由的精神。喇叭裤低腰短裆，造型在腰部、臀部和大腿处呈合体状态，自膝盖以下渐渐呈伞状张开，至裤口最大化，脚口宽度远远大于膝盖尺寸，长度覆盖鞋面甚至拖地。肥大的裤脚极大地夸大了裤身造型，使之具有强烈的直线感。同时瘦腿裤也是70年代风格表现之一，铅笔造型裤装搭配合体外套极大地夸张了穿着者的细长感觉（图3-23）。

图3-23　20世纪70年代喇叭裤

图3-24　设计师卡尔·拉格斐（Karl Lagerfeld）在香奈儿秀场

5. 女性平权运动（图3-24）

（1）时代映像

在解放思想思潮影响下，20世纪70年代女性陆续进入了职场，开辟了职业女性时代。而80年代出现了大规模职业女性，职业女性的涌现使女人们不再固守着过去淑女的、女性化的形象，为了便于工作，职业女性舍弃式样繁杂的时装，改着男性化的稳重的制服。这一概念最初是由美国人在1975年提出的，很快就在全美的职业女性中普及起来，随后又传到了英国，然后传遍整个欧洲。女性在公司里占的比重加大和地位的改变导致了她们着装的改变，身着深蓝色或蓝灰色的简单的棉质西装，不戴饰品，几乎不体现出性别特质是一个整体的趋向。职业女装是20世纪80年代风格表现的重要领域。

此外，还有新兴的雅皮士一族的出现，雅皮士的意思是“年轻的都市专业工作者”。雅皮士从事那些需要受过高等教育才能胜任的职业，如律师、医生、建筑师、计算机程序员、工商管理人员等，他们的年薪很高。雅皮士们在事业上十分成功，他们踌躇满志，对奢华物品、高级享受的追求热情十足，衣着讲究、修饰入时，处处透露出他们所拥有的良好生活状态（图3-25）。

（2）款式和板型特征

廓型：20世纪80年代服装风格突出了女装的职业化。80年代是职业女性不断涌现的年代，女装呈现出向男装靠拢的迹象，在服装结构、造型和细节上的表现尤其强烈。三件套套装（上衣、裤子或裙子、衬衫）是80年代的产物，这种源自男装的着装形式本身体现出浓浓的女装男性化倾向。此外在80年代，人们崇尚户外生活和运动，服装趋于休闲化。在服装具体表现上的总体特征是大、甚至是巨大，外轮廓造型、款式细节，甚至服饰配件都呈现宽大特征，这也是80年代风格与其他风格的主要区别（图3-26）。

领部：20世纪80年代女性时装的领形基本是男装的翻版，如西装翻领或立领，规整而严谨。在80年代风格女装表现的是大大的翻驳领造型，甚至超出脸面大小，如各种男式西装领形经构思后向外延伸。

肩部：造型夸张宽大，类似橄榄球队服的宽肩设计配上宽松的袖子活动自如，并可以搭配任何服装，包括各类裤装和靴子。

腰线：高腰结构是20世纪80年代具有代表性的服装特征之一，各类搭配的衬衫被塞在高腰裤的腰头里，再搭配上宽腰带、腰饰等，既能修饰女性的线条，又能强化女性的帅气。80年代女装大多呈松腰结构，呈现男装特征，也有极细的蜂腰，在展现男性味的阳刚同时流露出女性的性感。

图3-25 20世纪80年代雅皮士一族形象

图3-26 20世纪80年代女装

6.追求简洁回归自然

（1）时代映像

20世纪80年代富裕的生活使人们崇尚名牌、崇尚高消费，90年代的西方

180° 大转弯，人们开始追求节俭与回归自然。进入90年代以来，“保护人类生存环境”“资源回收与再利用”成为人们的共识。人们开始反省过度消费、反对流行、反对资源浪费，回归自然。“生态学”主题普及人们的现实生活中，原棉、原麻、生丝等天然纤维织物，成为维护生态的最佳服装材料。各种大自然的色彩，如泥土色、树皮色、岩石色成为新的流行色彩；表面略具粗糙感的布料成为90年代的新宠；代表未受污染的南半球热带丛林图案，强调地域性文化的北非、东南亚半岛的民族图案以及各种植物纹样的印花织物，成为90年代服装的特点。

（2）款式和板型特征

廓型：服装廓型以修长为主，裙子往往也是狭长的，有些甚至到达脚踝。与占时尚主导地位的修身裤子相比，仍有一些年轻女性喜爱宽松的牛仔裤。夹克倾向于长而挺括的剪裁，有时呈现出对爱德华时代风格的诠释。

裙子：经典香奈儿风格的裙子套装款式很受欢迎，裙子套装更年轻的诠释方式是搭配经典夹克、开襟羊毛衫及西装式外套，裙摆在这十年开始上提，许多裙子的腰围很低，没有腰带，跨在臀部，大多数短裙是直筒型，没有褶裥或省道。

连身裙：通常由带有复古图案的丝绸、棉或人造丝制成，深受年轻女性的欢迎。带有细肩带的镂空裙多年来一直流行，在户外场合经常在外披覆合身的开襟衫，以获得更得体的外观效果（图3-27）。

图3-27 20世纪90年代女装

三、当代常见的流行风格及款式细节

（一）军装风格

1. 风格特征

军装风格兴起于20世纪60年代中后期，当时，英国的时尚青年钟情于“二战”时期英国海军的粗呢带帽长大衣，其扣子是木制的。此外美国空军飞行员所穿的及腰长毛领皮夹克也非常受欢迎，用灯芯绒或粗斜棉布制成的相同款式服装成畅销品。在70年代中后期，军装风格成为朋克服饰的一个重要组成部分，军靴、子弹皮带、臂章、卡其布夹克、染色或撕裂的军绿色多袋长裤、深绿色盖世太保式皮装是经典造型款式。

军装风格女装符合现代女性的心理需求，军装风格女装表现出具有男人味的帅气和冷峻，为原本妩媚女性增添几许豪迈之气。在现代女装设计中，军装风格演化出多样性，华丽、中性、异域等感觉均同时呈现。

军装风格强调硬朗的线条结构，常规造型多以直线为主，肩部平且宽，使造型呈Y形、T形，如是收腰结构则呈X形，这种异样造型往往塑造出些许与众不同的性感。

2. 风格细节

款式：常规军装款式类似西装，前胸配四个贴袋，外加精神穗带、肩章、肩襻、臂章、勋章、穗带流苏等装饰，这些装饰在整体视觉上起着重要的作用。军装风格服装以军装中的各个装饰细节为设计灵感。

领形：以翻领、驳领和立领为主，线条呈直线和折线，造型硬朗，给人以力量感。海军使用的水手领（水兵领）属无领脚的大翻领，带有活泼气息。

门襟：传统军装采用双排扣的搭门襟结构居多，结合纽扣的排列，给人以威严感。拉链作闭合门襟多用于空军飞行夹克，一般在充满阳刚之气的短夹克中运用。

口袋：多口袋和袋盖是军装的重要特征之一，前身、袖身、裤管和臀部是设计口袋的主要部位。在军装风格女装设计中，不同部位和造型的口袋设计加强了服装的功能特性和风格表现。在现代女装的军装风格演绎中，口袋已成为标志性细节。

缉线处理：军装的缉线处理一般表现在服装边沿的明线处理上，一方面要体现出装饰性，另一方面也加强服装的结实性和整体硬朗效果。

扣子：扣子是军装风格设计的主要元素，整齐划一的扣子给人感觉严谨、秩序和威严，金属质感的铜扣尤其能表现出英姿飒爽的感觉。

3.单品

风衣：风衣是军装的重要组成部分。风衣基本元素为超大翻领、肩襻、整齐排列的纽扣、过膝下摆、腰带收紧腰部，这些已被广泛运用于军装风格的时装设计中，让女性看起来更加帅气，并在硬朗中展现独特的女性韵味。

飞行夹克：是空军的常备服装形式，宽肩、衣长至腰，袖口和下摆均装松紧带，造型呈倒梯形，尽显男性魅力。飞行夹克向来是设计师灵感来源之一，短款紧身夹克若搭配迷你裙或紧身长裤特别能凸显女性的干练和气质（图3-28）。

图3-28　军装风格秀场展示

（二）嬉皮风格

1.风格特征

20世纪60年代典型嬉皮士形象为身着喇叭裤，披着宽松的由自然纤维织成的大块布印度衫，拖着近乎赤脚的凉鞋，身上戴着绚烂的和平勋章，披挂长形念珠，颈挂花环。嬉皮服饰更接近东方民族装束，如印度妇女披巾、阿富汗式外衣、摩洛哥式工作服、土耳其式长袍等。年轻的女嬉皮士喜欢穿有鲜花图案且又大又长的裙子，配T恤或农民式短衫，把带子或方巾搭在前额（图3-29）。

追求无拘无束、自由自在的生活方式是嬉皮精神实质，同样嬉皮风格女装也呈现自由、随意的效果，在图案、色彩、材质、装饰手法等方面将各地区、各时代的民族风格服装组合在一起，形成怀旧、浪漫和自由的设计风格，并带有浓郁的异域情调。

嬉皮士追求自然的生活方式，因此嬉皮风格女装在造型上以宽大的H形居多，此外还有O形等廓型。

图3-29　聚会上的嬉皮士青年

2.风格细节

款式：混融各地民族、民俗服饰元素是嬉皮风格女装的主要特点，如手工缝制（印度的串珠、拼接布料和刺绣工艺）、手工印染（运用古老的扎染手法的布料制作裙装）。在结构上，东方式的直线裁剪，自由松散，不以女性体形作为设计重点，使用棉、丝等不具硬性但较悬垂的面料达到飘逸、流动的效果。另外以破、旧为特点的效果也是嬉皮风格特征，尤其是在牛仔裤上的磨破和刷白处理，体现一种怀旧情感。在具体款式上，肩部裸露，袖呈灯笼造型，腰间束带，面料松散外扩，腰节不在正常位置（在胸下或臀上），裤口或裙身张开，裙长拖地。嬉皮风格经典款式服装有宽松自然的罩衫、高腰系腰带睡袍式连衣裙、荷叶边迷你短裙、阿拉伯大袍式印花长裙、高腰阔腿牛仔裤等。

色彩：色调斑斓丰富，都以4～5种颜色进行搭配。以纯度、明度较高的色彩为主，如嫩黄、紫、粉红、绿、天蓝等，白或黑作为辅助色穿插其间。也可以采用纯度、明度适中的色彩互相搭配使用。

图案：图案设置很喧闹，花与花之间紧密排列，带有迷幻感觉，以碎花为主。图形大小相间，突出自然界的植物和动物纹样，如各类花朵、树枝、草丛、孔雀等。花形风格带有东方情调。从玛丽·奎恩特的设计中借鉴的白色雏菊花成为嬉皮风格的标志。

材质：嬉皮文化排斥工业社会所带来的成果，如人造纤维，他们热衷于天然产品，因此棉、麻、丝、毛等天然织物以及丝绒、钩编物是嬉皮风格的理想

图3-30　身着流苏装饰服装的嬉皮士青年

材质，其中麻类、丝绸适用于嬉皮风格服饰；缎带、绳带被用于装饰系结；各类串珠、亮片运用于点缀装饰之中。

抽带系结：抽带系结是嬉皮风格服饰的主要特征，在款式细节上以抽带系结形式将布料连接组合，如在领口、袖口、袖臂、后背、腰间、臀部等处的运用。过长的带子自然飘动，表现出无拘无束的感觉。

流苏：具有东方情调的流苏是嬉皮风格重要的装饰手法，集中装饰在门襟、袖、裤边、下摆等部位以及鞋、靴、腰带、包、帽等配件上（图3-30）。

抽褶：抽褶成为嬉皮风格服饰设计的手法之一，以细密褶裥为主，运用于领口、袖口、胸下、腰间、裙摆等处。

（三）摇滚风格

1.风格特征

摇滚风格服饰具有强烈的金属质感，体现出厚重和刺激的碰撞感。服装造型和款式与传统审美大相径庭，设计强调一定的夸张效果，风格前卫大胆，变幻多样，融年轻、活泼、激情、中性于一体。

摇滚风格女装在廓型上借鉴摇滚歌星的着装理念，整体造型以紧身合体为主，肩部较突出，同时以收腰体现出人体曲线。

2.风格细节

款式：整体款式充分体现出紧凑、短小的特点，上装以短夹克为主，肩部平挺硬朗，在胸、腰、臀等部位力求合体，下配细长紧身裤装，充分体现性感。腰线不在正常腰节位置，或高腰或低腰。如是裙装，以极短伞状裙为主，搭配黑色连裤袜和高跟漆皮长靴，形成质感对比。具体细节设计不过于复杂，运用铆钉、链子点缀胸部、腰部、袖口、下摆等部位，以装饰手法表现出厚重效果。采用贴

图3-31 “猫王”埃尔维斯·普雷斯利

补、拼接、印染等手法，将设计元素与面料组合在一起，产生冲撞感，如用外套、T恤、牛仔裤上的印花“补丁”或涂鸦画面处理。此外在搭配上力求强烈对比，如用不同材质、肌理、色彩的内外装和上下装，创造出独特的视觉冲击效果。具体款式中，摩托车骑士的短夹克、皮短装、铅笔裙、热裤、翻边牛仔裤、迷你牛仔裙、背带短裙最能展现摇滚风格（图3-31）。

色彩：色彩搭配摈弃了常规的配色原则，有出人意料的配色效果，呈现对比、跳跃的特点，以突显某一部位为目的，如帽、腰带、袜子、手臂或服装款式某一部位等。具体运用中，在纯色之间、明亮色与灰暗色之间、纯色与黑色之间展开，如红与绿、金色与灰色、黄与黑。黑色、白色、金银色最具视觉冲击力，所以是摇滚风格服饰表现的主要色彩，此外还有其他各类鲜艳、耀眼的色彩。

图案：摇滚风格无特定的图案标志，能表达自我的各类印花图形都可使用，如涂鸦艺术、抽象几何图形、格纹、带刺眼感的图形（如魔鬼、撒旦或刀具）等。

材质：硬朗、闪亮、能产生目眩感的光泽材料，如金属类的拉链、铆钉、链子，皮革类的牛皮、羊皮和漆皮，是摇滚风格的最佳材质。拉链、铆钉常用于腰带、鞋、靴或服装的开口和细节点缀装饰；链子作为装饰材料能恰到好处地使服装充满摇滚味，如在紧身连衣裙、各类裤装、夹克等服装上点缀链子，极具现代感；皮革因其本身具有的特殊性而独具魅力，因早期的摇滚歌星“猫王”埃尔维斯·普雷斯利（Elvis Presley）表演穿着皮夹克而将摇滚与皮装相联系。牛仔布也是摇滚风格常用材质之一，尤其是经过了表面处理的牛仔布，如石磨、做旧、撕裂、破洞等形式。此外，透明纱、羽毛、毛皮等也是摇滚风格常用材质。

配饰：对于表现摇滚风格，造型各异的首饰、墨镜、金属臂饰、长及肘部的漆皮手套、宽大的皮质铆钉腰带、连裤袜、加厚底高跟鞋、长筒靴，以及夸张帽饰和染成五彩发色是必不可少的。

（四）太空风格

1. 风格特征

在款式和细节处理上，太空风格带有中性倾向，这种中性超越了男女范畴，是外化的性别，给人以想象的空间。太空风格服装灵感来自星球太空，与常规设计构思不同，无论在造型、款式、色彩、材质，还是配件等方面太空风格表现均与传统设计思维大相径庭。太空风格外形强调简练，无视女性曲线体形。造型主要为茧形、箱形、A形、O形等。

2. 风格细节

款式：总体上，太空风格女装设计脱离了现实的审美思考，突出了时空错落感和虚幻效果，设计灵感与太空、星球联系在一起，具体包括太空舱、宇航服、机器人、天文星座、外星人等元素，塑造强悍和刚性的气质。受20世纪60年代潮流的影响，太空风格款式简洁，基本忽略细节。设计注重块面分割，以直线和几何线条为主，上身以体现体块结构为主，下装包括直身裤装、短裙，如线条洗练的短夹克、连身短裙和套装配短裙以及灵感来源于宇航员装备的连体服。在零部件处理上忽略细节、注重整体，无论是领子、袖子还是口袋都以简洁的造型体现，甚至选用的纽扣造型也不例外。

色彩：象征银河缥缈虚幻感的金色和银色是表现太空风格的主要色彩，银色还是20世纪60年代的流行主色。此外无彩色也很适合此主题，黑、白、灰的搭配能让人与宇宙联想到一起。

图案：主要是太空宇宙图案，包括太阳系行星、宇宙生命、天文星座、飞碟、太空飞船等，图案造型带有很大的想象力。此外带抽象形式的各类图形也能充分表现太空效果和外太空感。

材质：表现灵感主要源于宇航员和太空的设计，传统的棉、麻、丝、毛面料在风格塑造上显得格格不入，而PU革、金属片、塑料、尼龙丝、涂层面料等具有冰冷、神秘感觉的面料最适合太空风格表现。此外，也包括追求表面光泽效果的材质，如PVC、树脂、聚酯等高科技面料。

配饰：金属质感、透视效果饰品能完美体现太空感，如装饰用的金属拉链、挂件、头盔等。造型强调夸张和整体，体积大甚至是巨大，如大眼镜、宽腰带、硕大头饰等。为配合太空风格，高筒靴、长手套成为其表现的主要配件。2007年流行的未来风格舍弃了20世纪60年代太空风格的笨重头盔，呈现出轻盈感，如金属材质制成的领带、有机玻璃手镯、项链等。此外，具有透视感的塑胶材质被广泛用于鞋、包、挂件上（图3-32）。

图3-32　太空风格着装

（五）朋克风格

1.风格特征

朋克风格服装体现出反传统的精神，表现为不对称衣身结构、不完整衣裙处理、不调和色彩组合、不协调互相搭配，这种追求近乎扭曲、拖沓、病态的服装在整体风格上展现出颓废、怪诞、前卫和夸张的效果。朋克风格服装主要强调合体紧身，也突出裙装的夸大造型，与上装形成对比，廓型呈X形。

2.风格细节

款式：朋克服饰是时装主流设计的逆向思维，常将看似不相关的事物东拼西凑组合，并加入了自己的构思。同时追求硬朗和感官刺激，带有夸张感的穿着效果，无论在款式、色彩、图案、材质上，还是具体搭配上均体现这一特点，如盔甲般机车骑士皮质紧身短夹克搭配皮裤。此外还追求特殊的对比效果，包括质感（厚与薄、轻与重、光与毛等）、大小、长短、比例，具体表现如毛质外套与闪光衬裙、紧窄短上衣配紧身长裤等。朋克服饰带有强烈反叛色彩，在服装上体现出打破原有服装审美体系的态度，具体表现如下：

①以破坏为美。在细节上采用破洞、贴补、撕裂或边缘的拉毛，这全是故意所为，如牛仔裤、渔网背心的磨破处理。

②以转换形象为美。在服装形式上，割裂服装原有形象，通过转换概念而转化为新形象，如内衣外穿、男衣女穿、女衣男穿等形式。

③以暴露为美。通过一些部位的突现或裸露，体现出反传统的倾向。

朋克风格强调女性性感，胸和臀是朋克风格服装表现重点，通过包裹、透视、金属装饰等手法成为视觉焦点。虽然朋克风潮源自嬉皮士，但朋克装束的典型款式全无异国情调而是硬朗的黑色夹克，最早是出现于纽约摇滚乐队成员的皮装上面点缀着闪闪发光的安全别针、铆钉、拉链、刮脸刀片等饰物，他们奇特的装扮成为当时朋克效仿的对象。受20世纪60年代年轻风貌的影响，女朋克最爱穿的仍是极短超短裙，其他朋克风格典型服装还有各类T恤、短袖或无袖衬衫、背带式牛仔裤、工装裤、喇叭裤、袋状裤等。

细节装饰：朋克服装的细节装饰非常丰富，常将衣服撕裂、挖洞或磨破，以安全别针将布别为一体；或者磨旧、弄脏衣服表面，以流苏装饰边缘，产生拖沓感；或者以大头针、亮片、铁链子、拉链、皮带等装饰服装，尤其与皮装搭配，有强烈的感官刺激。朋克喜欢将钉有铆钉的链条、脚踏车链紧紧套在颈部作装饰，还有安全别针、骷髅等也被用于装饰，通过刺穿脸颊、鼻孔、耳廓等部位来诠释朋克与众不同的服饰美学。

色彩：黑色是幽深、黑暗的代表，是神秘、肃穆的化身，因此朋克文化的首选色彩即是黑色，它常用于朋克服装、配件甚至化妆上。色彩搭配强调冲撞感，黑白、纯色之间，纯色与无彩色之间的对比是常见形式。

图案：图案是朋克服饰的一大特点，除了常规使用的格纹、豹纹图案外，还通常随手涂鸦、拓印，外加挂件装饰。

材质：朋克风格服装追求面料表面的各种肌理效果，重视材质之间搭配产生的冲突感，以人造材料、透明塑料制品、质地硬挺的皮革、富有光泽的缎子和各类金属最为常见，早期朋克以皮革与金属组合作为特征。此外也用棉布、化纤、丝绒、薄纱、渔网等材质。

配饰：金属铆钉装饰的十字架、手环、项圈等是搭配朋克服装的主要配饰。超高跟和超厚鞋底（或称松糕鞋）是朋克风格的标志，此外大头军鞋、装饰金属钉或长靴也是朋克热衷的。

（六）迪斯科风格

1. 风格特征

迪斯科风格服装不同于白天的日常穿着，是配合特殊场合而产生的，无论是款式、色彩、图案，还是材质都突出欢快的节奏感，体现出热烈、奔放和动感的风格特征。由于活动的需要，迪斯科风格女装以紧身或合体造型为主，兼有宽松外形，主要廓型有小A形、直线形、帐篷形、球形等。

2. 风格细节

款式：迪斯科风格款式设计简单，为便于舞动且注重上身的紧身合体，常利用结构勾勒体形，包括无领无袖短装、紧身衬衫和紧身胸衣，衣身往往外披飘逸长巾。裸露是迪斯科女装特征，颈部开口较大，多呈V字，后背也是裸露主要部位，通常以带系结颈部。腿部通过炫目的质料和色彩突出女性的性感和奔放。

迪斯科风格代表性的款式主要分为两种形式：

①紧身型：这种服饰造型适合跳节奏强烈的舞蹈，着装效果类似体操运动员。标准打扮是20世纪70年代流行的热裤，紧窄包臀修长裤装（包括七分裤和九分裤），牛仔裤也较常见，裤脚口大多是超宽口。

②松身型：这种服饰造型能给人以洒脱的感觉，造型呈A形，如活泼飘逸的超短舞裙。好莱坞电影《周末夜狂热》展现着典型的迪斯科服饰形象——尼龙衬衫配搭花哨牛仔裤和厚底鞋，此外还有宽袖、宽腰、收下摆的连身裙。

色彩：色彩是迪斯科风格表现的重要一环。迪斯科舞厅灯光炫目闪烁，气氛喧闹欢快，因此色彩选用闪亮和局部有跳跃感的，如鲜红、鹅黄、鲜绿、桃色、紫罗兰、宝蓝等，与其相配的以黑色居多。在舞厅闪光球和霓虹灯映衬下，金色、银色因其色泽而具特殊夺目效果，所以使用率较高。

图案：图案在迪斯科风格女装中占有一定作用，夸张、醒目的图案有助于风格表现，条纹、点纹是常用图形，舞动时能产生视觉的晃动感。其他还有各类动物纹样，尤其是带野性的豹纹。

材质：为配合热烈欢快的舞厅氛围，常用面料有闪光缎料、PVC、绒布以及制作透视服用的轻薄面料，如雪纺、蕾丝等。在20世纪80年代因迪斯科风潮来袭，皮革服装大热，服装设计师们纷纷将皮革运用到设计中，尤其是漆皮的加入更具闪耀效果。

配饰：常用配饰造型夸张，超越常规尺寸，如超大墨镜、宽皮带、特厚底漆皮高跟凉鞋，这些配件常带有金属附件作为装饰或结构连接，如链子、环形扣、挂钩等。闪耀的舞台极适合造型夸张、珠光宝气的饰品，如硕大金属耳环、各色挂件等，此外俏皮的猫形领结也是经典配饰之一。

化妆和发式：浓艳的妆容是必需的，如带光泽的红唇、闪亮的眼影，爆炸头和瀑布般长发是典型的迪斯科风格造型（图3-33）。

（七）校园风

1.风格特征

或许受校园宁静安逸生活的影响，其服饰风格着力塑造出一种清新和整洁感。在设计上，总体倾向带有清纯、轻松、随意的感觉。以自然的穿着状态为特征，不突出身体体形曲线，因而造型基本呈H形或自然造型结构。

2.风格细节

款式：款式设计受限制，力求简洁大方，没有过多花哨细节，无过多装饰

图3-33　迪斯科风格服装

性设计，给人质朴简洁之感。同时注重结构，讲究穿着合体，体现材质精美，塑造完美品质。款式以基本款为主，如条格纹棉布衬衫、翻领马球衫、无袖背心、连帽卫衣、V形领毛衣、圆领套头衫、牛仔裤、翻边短裤、宽松带风帽粗呢大衣等，整体外观呈多层次结构。具有运动感的白色鸡心领板球毛衣领口镶有彩色条纹，是其中的基本款式，甜美可爱的百褶裙、整洁的白色长裤、工装裤也是预科生风格的代表款。胸前的Logo和精致徽章作为少有装饰手法常点缀在服装上。如是针织衫，衣领、袖口的罗纹常以简单的色条与服装整体色相呼应。

裙装：分为连衣裙和裙子，裙长各异，包括短裙、及膝裙和长裙。连衣裙主要为U形或圆形领，造型宽松自然，腰间密集细褶。图案为碎花、格纹或条纹类。

毛衣：包括菱形花纹毛衣、鸡心领领口镶色条纹板球毛衣，这些都是最基本款式，带有运动感和户外特征，图案和色彩赏心悦目。一般内搭衬衫，常在户外休闲活动或打高尔夫和网球时披在肩上。

针织开衫：这类开衫前开襟，款式简单，领、门襟、口袋等镶色，与白色、灰色或蓝色衣身互为衬托，配色醒目。开衫一般搭配衬衫和牛仔裤，是学生风格的典型打扮。

色彩：强调基本、简单的色彩，如红、白、蓝和褐色等沉稳中性的色彩。色调明亮，粉色居多，尤其是稚嫩的米白、绿、粉红、天蓝、海军蓝色等。讲究色彩的相互配搭，以此追求变化，如领面、袖口的镶色。

图案：图案以简单基本构造的方格纹、条纹、波尔卡点纹、碎花、佩兹利纹样为主，典型代表为苏格兰裙的大方格图案。一般通过与素色款式的搭配以体现出服装的变化性和整体美感。材质：主张百分之百的纯天然织物，不容忍一丝合成纤维。质朴的棉织品是主要面料，包括牛津布、斜纹棉布、苏格兰格子布等，此外还包括纯羊绒、法兰绒、纯羊毛等织物。

配饰：校园风在配饰的运用上舍弃了珠光宝气，而起到非常关键的作用是像珍珠项链、领带、徽章、背带、格子布皮带、羊毛围巾、书包、学生便鞋、坡跟皮鞋和宽边眼镜等看似寻常的配件，使整体造型更具品位（图3-34）。

图3-34　结合运动感的校园风女装

（八）极简主义风格

1.风格特征

极简主义风格设计遵从“简单中见丰富，纯粹中见典雅”，以“否定、减少、净化”为主导思想，简洁但不简单。与强调装饰细节的设计师相反，简约主义设计师注重服装的功能性，以减法为手段，删除过多繁复、无关紧要的装饰细节，而只保留极少的精华部分，以最精练的设计语言表达出设计概念。需要指出的是，极简主义设计往往伴随着中性成分，在设计中完全舍弃代表女性色彩的刺绣、蕾丝、缎带等元素。在尺寸设计上，极简主义服装更倾向于男女共性。

极简主义风格弱化人工因素，认为人体是最好的廓型，设计师无须进行额外的加工和修饰，只需关注人体与廓型的协调关系，尤其是强调肩线的表达。整体上以自然状态呈现，即便收腰也不是刻意体现，所以大多呈H形、帐篷形、圆筒形等。

2.风格细节

款式：在款式设计中，以服装的基本款为主，在西式套装、大衣、衬衫、裤、裙的基础上精心构思，进行适当的款式变化。所安排的设计点非常有限，甚至不允许多一粒纽扣，多一条缉线，通过少量的细节使服装具有设计美感。由于在细节处理上非常明确和集中，因此需要设计师精心而巧妙的整体构思。常见的设计表现在领、袖、袋、门襟、腰、下摆等部位的造型变化，除此之外，还可运用诸如省道、拼接、翻折、卷边、镶边、打结、系带、开口、缉线等手法。

色彩：单一朴实的色调是极简主义风格体现，尤其是偏中性的黑、灰色系更是主打色彩，此外包括明度较低的蓝、咖啡、褐、红、绿色系以及本白色、漂白色常作为辅助色出现。

图案：与素雅色调相配合，极简主义风格时装基本不采用各类图案。

材质：设计表面上的“极简”其实提升了对材质的要求，而面料表面的肌理足以体现服装的本质，因此极简主义设计师非常注重材质表面肌理和结构的平整。

配饰：极简主义时装崇尚一切就简，无须额外配件，连包、饰品、帽饰都嫌多余。所搭配的鞋造型简洁，色彩素雅，少有装饰（图3-35）。

图3-35　极简风格服装

（九）解构主义风格

1.风格特征

解构主义设计过程是一个不断冲破思维限制、不断创新的过程，解构主义的创新并不是凭空捏造，而是在以往的基础上加以改造创新，正如日本设计大师三宅一生对解构主义服装作的解释“掰开、揉碎、再组合，在形成惊人奇特构造的同时，又具有寻常宽泛、雍容的内涵”。作为后现代主义思潮的一部分，解构主义放弃了对风格的单一追求，转向对材质的体积探索，以长短尺寸、造型体块设计服装本身的结构。正因为解构主义风格特点，其服装结构复杂、造型多样、线条纷乱，服装整体上往往呈现出不完整、不明确、不规整，并带有某种程度纷乱无序的特点，最终设计伴有一定的偶然性。

解构主义与传统西方审美存在本质差异，它不强调体型的曲线美感，但特别重视服装材质和结构，关注面料与结构造型的关系，通过对结构的剖析再造，来达到塑造形体的目的。由于不确定成分居多，因此在造型上常常表现出非常规、不固定、随意性的特点。外观视觉上带有未完成的感觉，似乎构思全凭偶然。由于突破传统的设计思维模式，用此理念进行设计往往能取得非常规的服装外形和衣身结构。

2.风格细节

款式：在构思和创作中，通常包括分解和重组两部分。对服装的分解往往是有目的地撕裂、拆开固有的衣片结构，打散原有的组织形式，通过加入新的设计形式重新组合、拼接、再造，使之呈现全新的款式和造型。解构主义时装设计师在忠于面料本来面貌的基础上，重视面料的再开发和结构表现。其设计理论是打散原有衣片结构，由局部入手进行分解，对服装的原有造型、款式、面料甚至色彩进行大胆改造，最终建构新的款式造型。主要表现在领、肩、胸、腰、臀、后背等部位，运用省道、分割线、抽褶、打裥、拼接、翻折、卷曲、伸展、缠裹、折叠等设计手法，把裁剪结构分解拆散，然后重新组合，形成一种新的结构，或者改变传统面料使用方法和色彩搭配方法。

款式构思方法主要有以下四种：

①堆积：以同一个设计手法重复叠加，视觉上产生层次感和体积感，如在领面、胸口、袖口、臀部、腰间等部位，通过布料再造（俗称面料二次设计），产生奇特造型。

②错位：即换位思考，将某部位结构移至另一位置，改变原有的属性。可

以是同一件服装上部件的位移，也可以是不同服装上部件的错位。常用错位形式有：领与袖、系扣方式、前片与后片、外衣与内里、内衣与外套、上下装之间、裤与裙、男装与女装的性别之间、春夏与秋冬的季节之间等。例如在牛仔裤腰的两侧加上两个袖子，系在腰间，乍一看就像是把一件衣服系在腰间，又可以起到腰带的作用，既有可穿性又具有设计感。川久保玲在2006秋冬系列曾设计了许多解构服装，如在西装款式上套一件连衣裙、套装嵌入紧身胸衣、一半裙一半裤、一半衣一半裙等，将两者风格差异甚大的款式组合在一起，形成强烈的视觉错位感。

③残缺：对布料表面进行破坏性的结构处理，运用不规则的撕裂、破损、挖洞、开口等手法，体现出不确定性、无序性或未完成感，这是解构主义典型的审美观，它打破了服装的完整性，使残缺成为服装设计的表现手段之一。如今残缺设计已越来越成为时尚潮流。

④结构处理：这是解构风格设计常用的手法之一。解构风格设计师认为结构是设计构思的源头所在，唯有结构的改变才能创造出新形象，所以他们注重对服装本身结构的研究，将结构处理置于款式、造型设计同等地位。通常通过不对称的结构处理，打散服装常规分割布局，用或叠加、或错位等方法，来创造一种全新的服装面貌。如2008年秋冬，川久保玲通过对原有服装进行肢解、拆分、叠加来重新塑造服装新面貌（图3-36）。

图3-36　设计师川久保玲极端怪异的设计掀起颠覆传统时装的设计风潮

（十）Y2K千禧辣妹风

1.风格特征

Y2K千禧辣妹风以修身与宽松板型搭配呈现吸睛的视觉效果对比。露脐款式、柔软针织、巧妙挖空细节呈现颠覆性感的形象。和未来感数码印花叠加运用，彰显性感大胆的着装风格，传递年轻世代敢想敢做的生活态度，继而成为派对狂欢的必备造型。

2.风格细节

款式：主题下的穿搭造型，主推上窄下宽、上短下长、上窄下短的搭配法则，跨季时尚出街造型，可通过露脐款式、塑身单品、未来感数码印花来彰显性感大胆的辣妹风格。

面料：Y2K风格代表了人们对未来科技感的想象，所以Y2K风格的服装往往会具有光泽感，呈现反光的效果。具有金属感的织物也是Y2K风格，织物本身是比较柔软的面料，但是与金属感结合在一起之后，就会显得比较有质感了。PVC材质是一种透明的材质，表面无色，但是在光线的照射下会出现彩色的光斑，所以这样的材质也会显得很有未来感和科技感。

机织外套：将截短设计用于经典的西装和夹克，搭配流行的迷你裙或低腰长裤，打造散发青春活力的套装。也可在腰部添加流行的挖空细节和加长板型来增加设计感，便会散发酷飒魅力。

针织和平纹针织上衣：受到千禧怀旧风和千禧风时尚回归的影响，可考虑将柔软亲肤的针织基础单品做截短露肤和富有变化的领型设计。同时灵活的模块化设计也是年轻世代乐于尝试的搭配方式，可满足他们跨季和层搭的需求，呈现更为丰富有趣的外观表现。

下装：随着低腰元素进入Y2K的趋势，在该穿搭风潮引领下，下装腰围继续下降。选择牛仔布或可持续面料，配以实用口袋或模块化拉链组件，以水洗和手工做旧等工艺打造休闲装扮，搭配短款或束腰上衣，将焦点集中在低腰裤腰上。

连衣裙：Z世代对20世纪90年代与千禧风怀旧潮流的持续推崇，使派对狂欢风潮延续至新一季。派对复兴激发了派对裙装的热度，截短长度和修身板型衬托出女性自由奔放的青春活力。华丽质地和夸张细节在元宇宙和未来派风格日益兴起的影响下，越发彰显出暗黑及反乌托邦风格。

关键印花图案、材质：为千禧主题，可以尝试运用PU皮革、光泽绸缎和薄纱让服装更添一丝性感，同时利用罗纹回弹性能好的优势来修饰多样化的体型，体现服装尺寸的包容性；而形象生动的仿蝴蝶造型和数字风印花则将单品带入超现实感官氛围中，能够吸引年轻的消费者群体。

关键细节：彰显女性自信和大胆风格的设计理念成为开发时需秉承的首要原则，通过对比例高低的调试，以及运用吸睛的细节设计升级日常简单廓型，让单品可以体现其适用于更多场合和更多用途的穿衣价值（图3-37）。

图3-37　Y2K风格服装

四、经典款式的重塑

当今社会，消费者审美和需求越来越多元化，复古造型更坚实地扎根在时尚领域，学习并向过去的经典致敬，将旧时代的设计注入现代元素，对复古风格进行更新。重塑经典探索了如何以更可持续的方式重新诠释经典服装，使它适合未来。借鉴过去的经典设计，通过色彩、板型、工艺等方式的更新，与当代设计审美融合，为商业化的复古款注入时尚感。

1.好莱坞风格的款式演绎

款式解析：长裙拖地，深V至胸口，小垫肩，收腰凸显腰线，整体呈现A形廓型。

现代演绎：安吉丽娜·朱莉（Angelina Jolie）的造型高度还原了当年的好莱坞风情。在款式上的休现为：

①缩短了裙子的长度。

②腰不收省，体现曲线。

③保留了披肩，但是用羊毛代替了皮草的材质。

对比解析：款式简约大气，线条廓型流畅，保留经典的搭配披肩，但是换了一种材质，更加现代环保和适宜日常穿着。优雅是这个风格下永远的主旋律，无论是哪个年代，都会受到女性的欢迎（图3-38）。

图3-38　好莱坞风格重塑对比

2.New Look A字裙款式演绎

款式解析：搭配简单，白色衬衫，搭配可爱的翻领，腰部收紧，用腰带强调腰身曲线，A形的伞裙，下摆量大，旋转的时候像伞一样打开。

现代演绎：2013年艾莉森·威廉姆斯（Allison Williams）出席美国时装设计师协会（CFDA）& Vogue时尚慈善基金庆典所着的礼服，在款式上体现为：

①整体风格接近。

②下半身的裙子保留了A形的廓型。

③下摆处做了改良，由透明纱质面料拼贴而成到大腿根部。

对比解析：保留了New Look时期的经典和优雅，裙摆处的改良设计使服装不那么沉闷，增添了一丝俏皮和优雅，关键在于网纱拼接的高度刚好落到大腿根部（图3-39）。

图3-39　New Look风格重塑对比

3.美式校园风款式演绎

款式解析：美式校园风以休闲轻松为主，因此没有所谓的强调腰线或者长裙摆，针织毛衫和宽松的棒球服都是经久不衰之作。

现代演绎：2021秋冬服装品牌拉科斯特（Lacoste）设计，明显将校园休闲跟运动风格融合在一起。

①落肩大体量的棒球服。

②明快的色彩。

③冲突风格的混搭。

对比解析：校园风格强调的是青春无敌的气息，法国服装品牌拉科斯特这组重塑从颜色到款式将混搭进行到底，另外宽大廓型（Oversize）的棒球服搭配拼色运动长裤，加入了运动活力的气质（图3-40）。

图3-40　校园风格重塑对比

4.解构主义款式演绎

款式解析：解构主义的意义就在于打破常规的结构，因此无论是哪个年代设计都会显得非常前卫和具有艺术性。

现代演绎：韩国服装品牌Ader Error在2020秋冬的流行服装设计中融入了解构的手法，将服装的材质与颜色拆开后进行重组，采用了宽松落肩的廓型、解构感的喇叭裤、不对称的设计，在色彩上以棕色、米色、黑色等低明度的色彩为主，搭配色彩纯度和明度都较高的蓝色、橙色作点缀，书卷气浓郁的宽边眼镜给人以亲和力和内敛的形象感觉。

对比解析：二者都保留了解构主义的精髓，所有组件和轮廓线被最大程度地颠覆，以不规则或者移位的方式出现，无论是哪个年代的作品，都不落俗套（图3-41）。

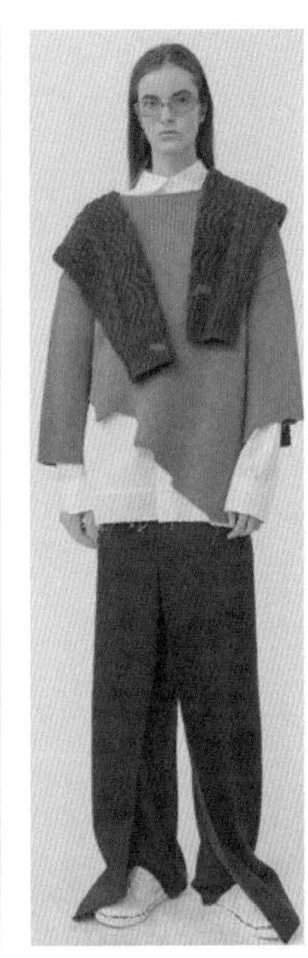

图3-41　解构主义风格重塑对比

5.朋克皮衣外套款式演绎

款式解析：紧身夹克、铆钉和徽章装饰、紧身牛仔裤、短裙、烟熏妆是朋克风格的典型组合。

现代演绎：拉夫·西蒙（Raf Simons）等很多品牌都曾致敬过这个风格，对传统的朋克进行创新塑造，强化印花，以精心搭配的造型获得成功，将朋克风格呈现出流行有趣的设计。用这种小有历史的朋克文化引发该潮流趋势，迎合年轻市场。

对比解析：采用宽松的H形廓型，加宽肩部的比例，营造出落肩的视觉感，加宽的裤装使造型更大胆创新，涂鸦图案富有个性，重复印花和品牌标识打造出更随意的造型。醒目的印花让设计富有季节感和趣味，在朋克的基础上，加入了街头的设计元素（图3-42）。

图3-42　朋克风格重塑对比

6.超夸张肩部外套款式演绎

款式解析：20世纪80年代的款式设计非常丰富，审美也不再单一，通过对某个部件的夸张和放大来凸显整体风格。

现代演绎：同样都是肩部夸张的设计，图3-43中右图的这个款式将夸张的重点下移到了袖窿，并且厚重的面料撑起高耸的泡泡袖，弧线完美。

对比解析：肩线下落，左图的夸张垫肩设计其实是那个年代女性思潮解放的标志，她们希望自己像男性一样坚毅，因为多了一些凌厉感。而现在这件服装，将设计重点下移，同样也是夸张风格的收腰的长外套，但是弱化了犀利感，反而增添了甜美娇俏的感觉。

图3-43　超夸张肩部外套款式重塑对比

7.雅皮士风格款式演绎

款式解析：男性的雅皮士常常穿双排扣的西服，肩部有很高的垫肩，讲究品位。女性雅皮士服装也同样裁剪精良、用料考究，有着宽而棱角分明的肩（用大垫肩），也有着直而硬的廓型，下配长裤。

现代演绎：海德·艾克曼（Haider Ackermann）2014秋季系列中，夹克外套搭配经典的围巾造型，具备了雅皮士精神，锥形七分裤则非常现代。

对比解析：裤子的款式变化非常大，传统雅皮士还是以西裤为主，而现代的设计因为换了面料，虽然还是保留了西裤的褶裥，但更突显了休闲质感，更加短的上衣也显得更精神（图3-44）。

图3-44　雅皮士风格重塑对比

8.太空风格款式演绎

款式解析：太空风格款式简洁，基本忽略细节。设计注重块面分割，以直线和几何线条为主，上身以体现体块结构为主，下装包括直身裤装、短裙，如线条洗练的短夹克、连身短裙和套装配短裙以及灵感来源于宇航员装备的连体服。

现代演绎：秀场的模特身上这件太空主题的连衣裙，衣身上有很多细节，这个工艺延续到了手臂和领口。

对比解析：20世纪60年代的太空风讲求的是减法，基本没有细节设计，但是现代太空风格的演绎却截然不同，通过充满细节的设计模拟太空生物，融入了一些仿生学的设计理念（图3-45）。

9.嬉皮风格经典款式演绎

款式解析：混融各地民族、民俗服饰元素是嬉皮风格服装的主要特点，如

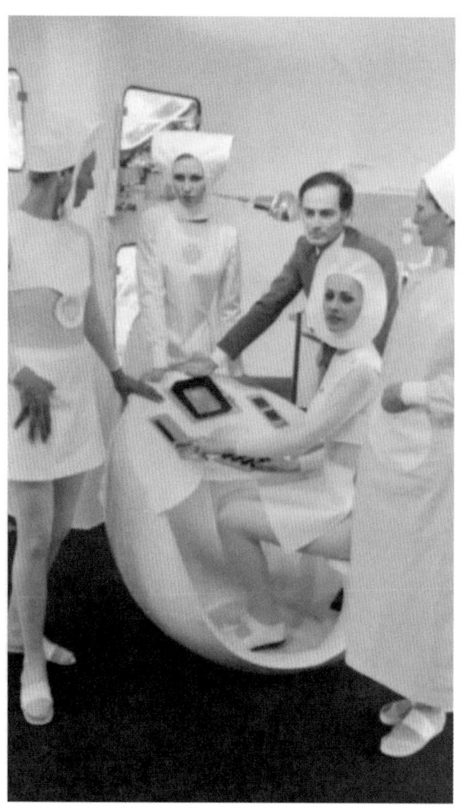

图3-45　太空风格重塑对比

手工缝制（拼接布料和刺绣工艺）、手工印染（运用古老的扎染手法的布料制作裙装）。直线裁剪结构自由松散，不以女性体型作为设计重点，使用棉、丝等不硬挺但较悬垂的面料以达到飘逸、流动的效果。

现代演绎：路易·威登的演绎，强调了流苏元素的使用，并在流苏上尝试使用不同材质表现流苏感觉，延续了传统风格，在款式和廓型的选择上更加现代化。

对比解析：路易·威登强化了流苏元素的使用，恰到好处地延续了嬉皮风格当中慵懒异域的民族风设计，细长的裁剪不仅修饰身型，还弱化了一些元素，使得服装整体更加适合日常穿着（图3-46）。

10.经典“烟装”款式演绎

款式解析：烟装在最初的时候是指上流社会的男士在晚宴结束后，脱下燕尾服坐在吸烟室里抽烟，女权运动兴起后，烟装开始流行，其廓型依旧完美修饰了女性的曲线。

现代演绎：如图3-47所示的这身烟装，摒弃了传统的三件套，驳领搭配垫

图3-46　嬉皮风格重塑对比

肩的设计、大开大合的线条，使整体利落明朗，腰线收得很完美，恰到好处的七分裤长为点睛之笔，更好地展现出女性的利落率性之美。

对比解析：新版上装在设计上减少了很多细节，板型一如既往地修身，延续了女性英姿飒爽的设计美感，只是新版的演绎更加率性飘逸（图 3-47）。

图3-47　“烟装”的重塑对比

无论是哪种风格或者是款式的重塑，其实都验证着同一句话：时尚就是一个大循环。所有经历过时间和市场的考验的设计，终究会以另外一种姿态回归人们的视野之中。对于款式和板型的研究学习是永无止境的，但是方法是确定的。通过了解和分析流行趋势，不断提升认知和审美能力，才可以更好地去拆解款式。

服装款式设计抑或是板型设计都不是一门独立的学科，从业人员需要广泛地搜集信息，注意观察身边的事物、流行的热点、热门的话题，只有做好生活的观察家才能成为一个优秀的服装设计师。

第四章

4

流行趋势研究方法论

在日常设计工作中，设计师一般都要先于市场去洞悉流行趋势然后将其结合到实际工作中，因此掌握好预测流行趋势的方法意义重大。

一、流行趋势预测概述

（一）流行趋势预测的原理及意义

流行趋势预测（Fashion Forecasting ）是指在特定的时间，根据过去的经验，对市场、经济以及整体社会环境因素所做出的专业评估，以推测可能的流行活动。服装流行趋势是在一定的空间和时间内形成的新兴服装的穿着潮流，它不仅反映了相当数量的人们的意愿和行动，还体现着整个时代的精神风貌。

服装流行趋势预测就是以一定的形式显现出未来某个时期的服装流行的概念、特征与样式，这个服装的流行概念、特征与样式，就是服装流行趋势的预测目标。

服装流行趋势是人为促成的，每年来自世界各地的服装设计大师携带各种提案聚集到固定的地方，共同商量下一年度每季的流行提案，将他们对生活、社会、生态的想法等各种元素结合在一起，预测出相应的服装流行趋势，包括色彩、图案、面料、款式细节等。

因此，服装设计师是对服装进行艺术表达和结构造型的人，在公众的眼中，这是和时尚最接近的一份职业，他们带动着每年的服装流行趋势。为纺织服装企业提供信息，及时生产出人们喜欢的流行商品，并经由时尚媒体、时尚达人的传播流行起来。

流行趋势预测并不是主观臆测，而是基于一定客观事实的理性推演，这当中涉及了几个理论。

流行正如博弈，出赛双方是预测工作者和消费者，能精确预算棋步的一方，将胜出。井然有序的思考和切实可行的指引路标，可以帮助提高预测各种新趋势的准确程度。

1. 流行趋势预测的原理

（1）布卢默流行理论

美国社会学家赫伯特·布卢默（Herbert Blumer），认为现在是消费者自己在制造流行的时代，是设计师在适应消费者的需求，现代流行是通过大众的选择实现的。

（2）齐美尔流行理论

德国社会学家格奥尔格·齐美尔（Georg Simmel）是从社会互动和服装流行的社会区分化功能的角度来深入揭示服装流行的定义本质。他认为，通过具有外观表现力的服装的流行，社会各个成员可以实现个人同社会整体的适应过程，从而实现其个性的社会化，而社会整体结构的运作，也可以借助于服装的流行作为文化桥梁或催化剂，将个人整合到社会中去。

2. 流行趋势预测的意义

（1）生产效率角度

①服装企业提供方向性的指导。

②帮助决定产品开发的方向。

③避免重复劳作和资源浪费。

④提高作业效率，达到资源利用最大化。

（2）商业经济角度

①制造流行倾向，达到商业目的。

②人为促进和强化，扩大影响力。

③通过宣传树立权威性，诱导购买行为。

④树立精神形象，产生非理性从众行为，刺激消费。

（二）服装流行趋势的预测

1. 流行趋势预测的主要内容和基本周期

服装流行趋势预测的主要内容包括：面料预测、辅料预测、色彩预测、板型结构预测4个方面。

（1）面料预测

面料是服饰美的物质外壳，同时具有美的信息传达和美的源泉作用，是当今服装设计师首先思考的审美元素。成功的设计往往都是最大限度地利用面料的性能，创造出符合流行趋势的服装。不同面料和不同质感给予人不同的印象和美感，从而产生各异的风格。面料的风格是服装素材的综合反映，是服装流行的物质基础，要想准确预测服装的流行趋势，必须把握好服装面料的流行信息。面料趋势预测一般提前12个月。

（2）辅料预测

辅料的内容和分类：连接件、填充件、装饰件、标志件、挂件。

辅料的发展趋势：辅料的传统功能日渐改变，对保健、环保要求更加严格，功能性辅料有待开发（防辐射、防水透湿、阻燃、防红外线、抗菌防蛀、吸湿排汗、抗静电等），辅料趋势预测一般提前6～12个月。

（3）色彩预测

色彩分为无彩色和有彩色。

无彩色：是黑色和白色及黑白两色相混的各种深浅不同的灰色系。从物理学角度看，可见光谱中不存在黑白灰，所以不能称其为色彩。无彩色只有明度变化，不具备纯度和色相。

有彩色：可见光中的全部色彩都属于有彩色。有彩色是以红、橙、黄、绿、青、蓝、紫为基本色。有彩色都具有明度、色相、纯度三个属性。色彩的这三个属性影响色彩所呈现出的效果：

①第一个属性：明度，区别色彩明暗的性质。

②第二个属性：色相，区别色彩相貌。

③第三个属性：纯度，区别色彩的鲜灰程度。

色温：色彩基调代表的温度。

色彩趋势预测一般提前18～24个月。

（4）板型结构预测

服装的板型在一般设计流程中都被定义在偏生产的环节，但是随着近年来消费者的需求的改变，以及对于产品精益求精、差异化的追求，板型开始越来越受重视，从平面向立体过渡。

板型研究包括：服装轮廓、服装外形塑造、服装内部结构、服装细部。

服装结构设计要素：设计因素、人体因素、素材因素、缝制因素。

服装结构设计方法：立体裁剪、平面裁剪。

板型设计趋势预测一般提前6～12个月。

2. 预测流行趋势的两个方法

（1）定性预测法

服装流行趋势预测大多是专家会议预测、德尔菲预测、情报预测、调查分析预测等定性预测法，通过各种相关资料的收集、整理、分析而发现社会发展和市场变化的趋势，进而推测服装流行的趋势。一般从以下七个方面进行研究：

①政治、经济、社会文化、科学技术方面。

②流行的源头。

③消费者偏好和生活方式的变化趋势。

④流行的传播过程。

⑤流行服装在时间序列上的变化。

⑥社会重大事件或偶发事件。

⑦其他领域的流行现象。

（2）定量预测法

服装流行趋势的预测主要是定性预测，但从目前国内外对服装流行预测的方法以及相关的研究来看，已开始从定性分析转向定性分析与定量分析的结合，开始重视定量预测，将数学中的概率统计理论、模糊数学理论等应用于服装预测中，利用已有的大量原始数据作为基础，通过专业人士或消费主体对某些评价指标赋予权重，建立预测模型。流行色偏爱值预测（FCPV）、模糊聚类分析预测、回归分析预测、灰色预测模型预测等是现在国内外常用的纺织服装流行趋势定量预测法。

3. 预测流行趋势的三种常用手段

（1）问卷调研法

问卷调研法是在做流行趋势预测工作的时候最常用也是最重要的调研方法之一。通过直接或间接书面访问的方式，达到调研的目的。问卷调查法可以突破时空的限制，调查范围广，而且能够同时对众多调查对象开展调研。调研要求被调查的对象应当具备基本的文字理解能力和一定的文字表达能力。调研问卷的设计，问题一般不宜太多，需要有针对性，每个问题背后都需要明确指向一个所求的结果。选择调研对象时，要明确目标对象应具备的特质，不可盲目采集信息，不然会影响调研结果。样本数量要根据实际情况决定。

（2）总结规律法

可以通过访谈的形式，定向地获取课题需要的信息，也可以通过问卷调研得到海量信息后，对这些信息进行梳理和总结，从零碎的信息中找到普遍联系。

（3）经验直觉法

这个方法其实更多程度上是游离于理论数据和信息之外的一个方法，但不代表这个方法不重要。反而在实际的流行预测的工作中，经验直觉法的帮助更加直接。

4. 预测流行趋势的五大步骤

预测流行趋势有五大关键步骤，从宏观角度来看，无论是男装还是女装，高定还是快时尚，在预测流行趋势的工作中，一般会涉及五个关键步骤，每一个步骤都有其作用和意义。经历五个步骤之后就能得到最后的成果（图4-1）。

图4-1 流行趋势预测五大关键步骤示意图

（1）收集信息

收集信息的领域需广泛，不局限于自己的行业，可以从服饰流行行业的信息采集、消费者的信息收集、媒体的信息收集、区域文化的观察几个维度进行收集。

收集信息是一件需要融入日常中的工作，服装行业的从业者们除了关注自身领域之外，同时也要跨行业地去关注各种信息动态，比如男装设计师同样应该关心女装的流行动态。服装设计师同样要留意美妆、家装行业的变化和动向。

（2）归纳要素

对线上数据采集、线下实地考察等手段得到的信息进行合并和筛选，一步一步缩小范围得到若干个关键词。这个步骤的关键在于，需要运用者有良好的分析拆解能力，善于透过现象看本质。我们在日常生活中会收集到很多信息，而这些信息往往只是表现形式，很多信息的本质其实是相同或者相通的，因此，要把本质接近的要素归纳在一起。

（3）提炼趋势点

通过归纳的方法，筛掉了无关信息之后，我们会得到一组具备相通本质的趋势要素或者流行要素。将这些要素分类之后，对每一项进行萃取和提炼。上一步可以解读为合并同类项，而这一步就是通过同类项找出它们背后共通的原理，将这个原理提取出来。举例：可回收的T恤、零污染的染色技术、二手服饰流行，以上三件事情的共同的趋势点就是可持续环保。

（4）总结规律

当我们得到若干个趋势点之后，就要从这些趋势点之间找出规律，找出对服装设计或者造型会产生影响的规律。趋势点有的时候可能会包罗万象，一个趋势点会同时作用或者影响着好几个行业，这个时候，就需要从单个或者多个趋势点中总结出对服装时尚行业可以产生影响的点，以点汇面，这样就能通过总结得到有效的规律。

（5）转化应用

很多设计师获悉流行趋势之后，其实并没有很好地去利用这些趋势，因为缺乏适当的逻辑引导。当我们得到一个已经总结好的流行趋势之后，可以分为五个步骤去转化这些流行趋势：

①从各个角度吸收和沉淀定向的流行趋势。

②研究、分析、筛选跟自己品类相关的信息。

③进行头脑风暴，确定主题。

④根据主题进行内容填充。

⑤找来相关数据，对主题内容进行复核修正。

二、大数据下服装流行趋势的研究

互联网改变了我们的生活，而在互联网大环境下催生的大数据产物，对于整个预测行业都有着至关重要的影响。

（一）大数据下流行趋势预测方法的优选项

大数据被称为互联网之眸，麦肯锡全球研究所给出的大数据的定义是：一种规模大到在获取、存储、管理、分析方面大大超出了传统数据库软件工具能力范围的数据集合，具有海量的数据规模、快速的数据流转、多样的数据类型和价值密度低四大特征。

大数据无疑是互联网高速发展下的产物，而结合到服装时尚领域，人们每天在网络购物的过程中，浏览过的网页、点击过的产品、咨询过客服的问题，下过的单、退过的货、给过的好评差评这一切都被大数据尽收眼底。通过对大数据的信息整理可以发现大数据的五大特征，这就是大数据的5V特点（IBM提出）：

①Volume（大量）：数据的大小决定所考虑的数据的价值和潜在的信息。

②Velocity（高速）：指获得数据的速度。

③Variety（多样）：数据类型的多样性。

④Value（低价值密度）：合理运用大数据，以低成本创造高价值。

⑤Veracity（真实性）：数据的质量。

大数据的价值在于为大量消费者提供产品或服务的企业可以利用大数据进行精准营销；小而精模式的中小微企业可以利用大数据做服务转型；在互联网压力之下必须转型的传统企业需要与时俱进充分利用大数据的价值。

大数据在服装行业，无论是线上还是线下，都在默默发挥巨大的作用：可以快速统计所有客户信息，无论客户是否购买都可以通过网络平台记录下其基础信息，可以全面搜集产品的市场反馈，成交与否或者退换货都全面记录在案，迅速生成对单个库存量的市场反馈；智能算法助力企业精准找到消费市场，根据大数据可以最快匹配到应该投放广告资源的市场，提高服务的质量。与传统实体店不同，大数据可以记录每一位客户的服装喜好和尺寸，提供最周到的服务体验并节省运营成本。线上大数据的搜集，对服装实体店也意义重大。首先在产品设计环节，可以轻而易举地筛选出客户最欢迎的颜色、款式、面料、板型等信息。在上货环节，可以清晰分辨出在固定区域应该上多少量的货、上货的尺码配比销售环节以及客户的喜好、消费能力，以提高成交的可能性。在数据后期应用方面，大数据可以统计出销售得好或者滞销的产品，结合实际市场信息反馈，提前调整追单或者下一季的产品结构。

（二）大数据下的生活方式

互联网和大数据的优势催生了很多新的购物形式，比如直播、短视频购物、微商，等等。从消费者角度出发，在大数据时代下，除了提供了更多的购物形式之外，选择产品的角度也发生了改变。大数据会根据个体消费者的喜好或者需求，精准推荐匹配的商品，节省了消费者寻找商品的时间。消费者获取商品信息的渠道也更加多元化，可以从各类平台上搜索想要的产品信息，这当中自然也包括了价格。

1. 互联网大数据时代下饮食理念

互联网和大数据也同样改变着人们的饮食习惯。中国有句古话“民以食为天”，大数据对于食品行业的影响与我们每天的生活息息相关。

同样还是从消费者角度出发，在日常饮食中，外卖成为非常多年轻人的就餐形式之一。人们手机里装着各种外卖软件，通过大数据进行筛选，选择自己想要吃的食物。无论是什么菜系，哪怕是远在十公里外的餐厅，只要有一部手机，大数据都能为你找到。另外，大数据也记载着每道菜肴的原材料和烹饪用料，最大程度上保障了饮食健康。

2. 互联网大数据时代下健身方式

互联网和大数据在健身方面也深深地影响着人们。同样还是从消费者角度出发，在大数据和科技的加持下，健身的形式有了更加丰富的选择。虚拟现实增强技术正在渐渐地融入枯燥乏味的健身训练之中，这种科技可以详尽记录和检测用户在运动过程中产生的数据，保证训练过程中的绝对安全，也可以让用户看到自己每一次的小进步。另外比较普遍的就是运动手环和运动手表等这些在大数据记录模型基础上衍生出来的辅助运动的产品。

3. 互联网大数据时代下旅行

新冠肺炎疫情对于旅游行业冲击非常大。因此人们的旅行方式也发生了剧烈的变化。同样还是从消费者角度出发，如果萌发了旅行的念头，除了准备足够的金钱和假期之外，人们会通过各个旅游博主或者旅游APP进行主题搜索，可以轻而易举地获取与目的地相关的数据，甚至细节到景区的门票周几会打折都可以查得到，这就是大数据的魅力。另外，订机票、订酒店各种比价反复横跳，让人难以想象没有了大数据平台会何等的不方便。

4. 互联网大数据时代下日常社交

互联网时代大数据对于人们的日常社交也产生了天翻地覆的影响，车马书信慢的时代一去不复返了。人们将自己的数据上传至网络，这个简单的小动作，相当于宣布了自己与大数据世界的互联。你的信息和你可能认识的人的数据被高速传播和展示，任何人在任何地方任何时间都可以联系到你，于是人们的社交状态也发生了巨变。

（三）大数据下的服装流行趋势走向

数字化正在加速服装趋势的转型升级，大数据可以将信息的颗粒度变得更小，实现更细化的分类存储，有利于后面的数据管理和加工。比如，服装样板设计中数字化智能样板不仅记录了常规的部位数据，还可以把凸肚量、驼背量等更加细化的数据写进去，实现特体样板的数据驱动。数字化可以将信息的存储管理从更多的维度进行全面记录，同时也可以打上不同的标签属性，以便于更好地查找、统计以及更好地匹配。

比如在数字化零售中，不仅可以记录每个消费者的身高体重，还可以记录消费者的体型、脸型、肤色、风格、偏好等，一旦客户数据形成，就可以实现精准推荐，大大地提升客户的满意度和复购率。

1. 更精准

数据不仅可以为信息定性，还可以定量。智能板型可以通过数据精准控制各个部位的大小和形状，相对于传统服装的型号，不仅可以通过不同号型来定性分类人体，计算机辅助设计（Computer Aided Design，CAD）还可以通过每个部位数据精准控制服装的板型，使服装更加符合人体特征。在量产服装方面，CAD通过归号系统和多级放码系统，实现了效率和精准之间的平衡。

2. 更及时

与其他实物媒介不同，数字信息可以通过网络进行快速传递，而网络的信息传输介质是一种电磁波，类似于光速，可以在极短时间内传输到更远的距离。因此，流行的服装风格也会更加打破地域的限制，表现出各地间趋同的特质。

3. 更便捷

网络与电脑及手机等计算机终端相结合，可以从云上快速方便地获取各类数据，并且借助于各类系统软件，能够方便地把数据转化为直观的图形图表等易于理解的信息形式，让用户能够更好地感知和决策。因此，在服装选择时，人们的购物倾向和审美偏好也会更容易受到大数据的影响。

三、服装流行趋势的预测方法论——提取趋势

（一）搜集灵感趋势信息方法

在信息收集时，涉及的领域需广泛，不局限于自己的行业，可以从不同方向进行搜集，比如：历史文化、民间艺术、自然生态、兴趣爱好、其他艺术等。

1. 从历史文化中寻求服装设计灵感

很多服装设计风格都有历史文化的影子，其中有许多值得借鉴的地方，比

如西式宫廷风、文艺复兴风等，中国传统文化中的青花瓷、壁画等装饰元素也陆续登上国际T台。在前人积累的文化遗产和审美趣味中提取精华，成为设计服装的灵感来源。下面以拜占庭风格为例，说明从历史文化中寻求服装设计灵感的方法。

拜占庭服饰以优雅华丽著称，特色非常鲜明。近来受复古风潮的影响，时尚圈也对奢华美艳的拜占庭元素屡试不爽，非常推崇具有拜占庭风格艺术的镶钻、刺绣元素。其中比较经典的款式就有达尔玛提卡（Dalmatica）、帕鲁达门托姆（Paludamentum）、帕留姆（Pallium）、罗鲁姆（Lorum）以及贝尔（Veil）。

以上款式中会有比较通用的风格特征，比如以直筒廓型为主，左右开襟，整体宽松，大袖口，肩部会有装饰片，偶有收腰，华丽的装饰以一定规律排布，神似教堂等，下面将对每种款式进行展开介绍。

（1）款式1——达尔玛提卡

达尔玛提卡剪裁呈十字形，是一款男女皆宜的长衫，它的设计跟那一时期的其他款式有很大不同，领口位置采用挖空工艺，在袖口处再进行缝合。达尔马提卡拥有很强的线条感，从领口到下摆甚至是袖口都有条纹装饰物，比较有身份的贵族还会佩戴各种奢华的腰带，再用宝石点缀来彰显地位（图4-2）。

款式关键要素提取：十字形裁剪，长度及地，领口挖空，袖口缝合，领口、袖口、下摆有装饰，可搭配腰带。

获得这些关键词信息之后，可以选择保留若干要素或改良，再根据实际的产品调性和定位进行款式设计，就可以得到一个具有达尔马提卡基因的现代演绎，如图4-3所示。

图4-2　达尔马提卡款式样式

图4-3　达尔马提卡款式的现代演绎，品牌：亚历山大·麦昆（Alexander McQueen，2010秋冬）

（2）款式2——帕鲁达门托姆

帕鲁达门托姆一直被视为拜占庭时期最为经典的外套，在如今的时尚圈也能经常见到它的身影，比如各种斗篷和一些拖地款礼裙都有帕鲁达门托姆的影子。事实上它就是一种方形大斗篷，只不过在拜占庭时期是用别针在右肩将斗篷扣住，王公贵族们为了彰显地位，还会在胸前用一块绣满祥纹的矩形装饰物点缀（图4-4）。

款式关键要素提取：上装呈斗篷状，斗篷以方形为主，长度拖地，左右肩以别针固定，胸口装绣片，下身宽松。

获得这些关键词信息之后，可以选择保留若干要素或改良，再根据实际的产品调性和定位进行款式设计，如图4-5所示。

图4-4　帕鲁达门托姆款式样式

图4-5　帕鲁达门托姆款式的现代演绎，品牌：亚历山大·麦昆（2010秋冬）

（3）款式3——帕留姆和罗鲁姆

这两种款式的服装十分注重装饰效果，披肩缠绕方式为从一端绕过腰部到胸前位置，再呈十字交叉方式到右腋下，利用腰带的空隙将其拉回原始位置，既可以放到手上，又可以做成披肩和套头款式，总之这样的一件装饰物，在当时也相当受欢迎，无论男女，都可以用喜欢的方式来演绎它（图4-6）。

款式关键要素提取：披肩缠绕，绕过腰部置于胸前，十字交叉垂于腋下，有披肩款、套头款，长度过脚踝。

获得这些关键词信息之后，可以选择保留若干要素或改良，再根据实际的产品调性和定位进行款式设计（图4-7）。

图4-6　帕留姆款式样式

图4-7　帕留姆款式的现代演绎，品牌：亚历山大·麦昆（2010秋冬）

2. 从民间艺术中寻求服装设计灵感

世界上每一个民族都有自己的风俗和文化，一个造型、一个图案、一个花纹、一组配色都是很有特点的素材，给创作者以美妙的灵感。俗话常说，民族的就是世界的，所以设计师可以从这些历史沉淀下来的民间艺术素材中重新创造新的艺术作品。

（1）传统剪纸艺术

剪纸是一种用剪刀和刻刀在纸上剪刻花纹，用于装点生活或配合民俗活动的民间艺术。它古老而又具新意、固着而又灵动，始终以极强的表现力给世人带来别样的美学感受，如图4-8所示。

款式灵感：一般作用于领口、袖口或者下摆，呈现具有艺术性的不规则状态，剪纸艺术由于其丰富的图案样式一旦结合到服装上就会显得华丽异常。当然，也因为从板型实现角度对于面料和工艺的要求非常高，所以显得更加珍贵。

领口：在平领边缘呈现不规则或者规则的剪纸的样式，可以丰富领口设计的元素，或者以夸张高领的造型配合纹样，加强整体的造型感和张力。

头饰：剪纸的纹样依附于复杂而立体的头饰上，会使整体造型自带华丽感（图4-9）。

图4-8　中国传统剪纸

图4-9　剪纸艺术灵感的服装设计

（2）浮世绘

浮世绘是日本的一种绘画艺术形式，因巧妙地与木板活版印刷结合而在江户时代广为流行，起源于17世纪，并以18、19世纪的江户为中心迎来创作与商业的全盛时期，主要描绘人们日常生活、风景和戏剧。浮世绘常被认为专指彩色印刷的木版画，但事实上也有手绘的作品（图4-10）。

图4-10　神奈川冲浪里图，作者：葛饰北斋

款式灵感：大开大合的款式，保留日式设计的精髓，线条利落，廓型简单。浮世绘最出色的地方在于其色彩和图案的出神入化的运用上，所以一般以此为灵感的现代服装设计的板型或者廓型都采用简单利落的线条，以此衬托极具个性的图案。

大身廓型：平、长、直。

领口：平领、V领或者变形的露肩斜领。

长度：一般以长款为主，可以以更多面积展示精妙的图案。

装饰：象征日式服装的宽腰，肩部有装饰条（图4-11）。

图4-11　浮世绘灵感的服装设计，品牌：德赖斯·范诺顿（Dries Van Noten，2021秋冬）

3.从自然生态中寻求服装设计灵感

自然生态变化万千，千姿百态，蕴含丰富的万物，如山川、悬崖、海洋、天空、动物、植物等一切自然景物都是可以借鉴学习的，它们是人类服装设计灵感来源的重要途径。

设计师们经常会从动物的姿态、皮毛的颜色和花纹以及植物的配色和形态，还有自然界的山河海洋中汲取各种灵感，当然是形似还是神似全靠个人的修行。

动物一直以来都是设计师们汲取灵感最好的素材，花鸟鱼虫，天上飞的，地上走的，水里游的都可以成为设计师们的灵感缪斯。

日本女装品牌桂由美（Yumi Katsura）2017巴黎秋冬高级定制系列的仙鹤装，如图4-12所示。

图4-12　桂由美仙鹤装（2017秋冬系列）

款式灵感：整体长直，高领衬托修长的脖子，袖身缀有流苏，呼应裙摆处的白色鸵鸟毛，走起路来摇曳生姿。

植物也一直是设计师们非常推崇的一个灵感来源。自然界的植物形态丰富，色彩尤为艳丽，在大自然的鬼斧神工之下，搭配在一起的效果常超越人类的想象力。除了常见的花草之外，近些年，菌菇的元素也开始慢慢被发掘和运用到服装设计中。蘑菇的形状可爱，颜色丰富，越鲜艳越有毒，是一个非常有个性的物种，因此有性格的设计师很喜欢将菌菇类的植物融入自己设计中，如图4-13、图4-14所示。

图4-13　自然界蘑菇造型

款式灵感：

①头饰：模仿蘑菇外轮廓的帽子。

②领口：木耳层叠的效果。

③袖口：无袖设计中也会运用白木耳层叠的造型丰富肩部的设计。

④下摆：起伏连绵、面料叠加，有轻盈俏皮的既视感。

图4-14　以蘑菇为灵感的设计

自然景色不仅是画家、导演、作家的灵感源泉，同样也给了服装设计师很多灵感。延绵不绝的山脉，雄伟壮观；浩瀚无垠的大海，一望无际；生生不息的川流，充满生机；还有星空、热带森林、金灿灿的稻田、芦苇荡等自然景观都是提炼灵感的素材。

（1）灵感来源：大海（图4-15）

图4-15　以海浪为灵感的设计

款式灵感：

①大身：大体量的裙摆模拟海浪撞击的形态。

②裙摆：纱裙层叠，不规则。

③结构：内撑鱼骨，将整个形状撑起，饱满随性。

（2）灵感来源：星空（图4-16）

图4-16　以银河为灵感的设计

款式灵感：

①大身：近乎直筒的长裙。

②腰部：略收腰，高腰线。

③袖子：透明纱衣，缀珠饰。

④领口：圆领。

⑤下身：微百褶，堆积松量。

（3）灵感来源：草原（图4-17）

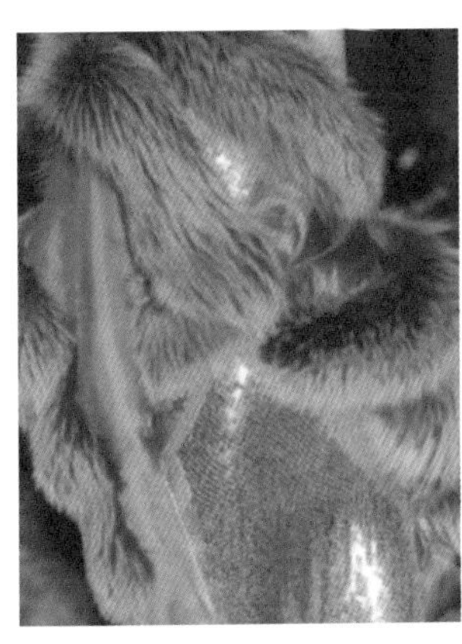

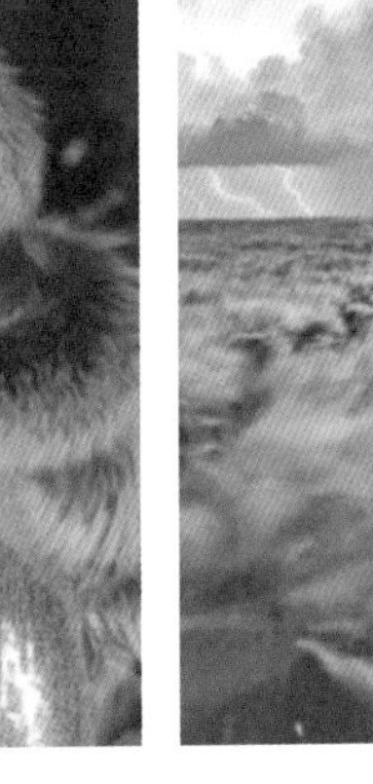

图4-17　以草原为灵感的设计

款式灵感：

①内裙：贴身无袖。

②腰部：紧身，修饰腰线。

③裙摆：微摆，与皮草呼应。

④内裙整体：紧身设计，为了衬托皮草的大体量。

⑤披肩：交叉，由肩部缠绕，绕于腰间，因为皮草的毛发走向，虽体积庞大但仍旧能看清楚走势。

（4）灵感来源：水母（图4-18）

款式灵感：

①廓型：有曲线的桶状。

②腰部：无收腰。

③裙摆：百褶，呈现水母的飘摆状。

④面料：低光线下呈反光效果。

图4-18 以水母为灵感的设计

4. 从兴趣爱好中寻求服装设计灵感

设计师的个人爱好往往是服装设计灵感的主要来源之一。例如设计师喜欢集邮，服装设计时就会讲述有关邮票的故事；设计师喜欢某一种色彩，作品中就充满了该色彩的倾向；设计师喜欢某一种形状，作品的廓型就会呈现这种轮廓。

图4-19 以虚拟世界为灵感的设计

（1）兴趣灵感来源：虚拟科技

曾横扫时尚圈头条的虚拟时尚品牌Tribute Brand，以又甜又酷的超现实感的巨大蝴蝶结，直接带着虚拟时装概念出圈（图4-19）。

款式灵感：充气状的廓型史无前例，镭射变色的材质和超大的蝴蝶结夸张又戏剧化。因为喜欢虚拟现实的消费者一般都是前卫的年轻消费者，所以在款式上表现得非常超前和出乎意料。

（2）兴趣灵感来源：快餐

麦当劳作为世界文明的快餐连锁品牌，对消费者而言，不仅算是饮食偏好，还可以说是一种生活方式了。而将快餐品牌融入服装设计中其实难度颇高，莫斯奇诺（MOSCHINO）这一季的作品叫座又叫好，实属难得（图4-20）。

款式灵感：款式上是以简单或者商务风格的廓型为主，中和了麦当劳标志性的红色和黄色的Logo，但是配件却又非常夸张，甚至照搬了汉堡的形状，形成强烈的视觉冲击，服装相对而言比较实穿。

图4-20 以快餐为灵感的设计

5.从其他艺术中寻求服装设计灵感

这里的其他艺术形式包含建筑、电影、音乐、绘画。一般来说，建筑和服装两个行业之间的艺术联系密不可分，同时期的建筑风格会影响服装，尤其是服装的廓型和图案，同样，服装风格也会影响建筑风格。

从电影行业来看，它与服装也是结合最紧密的，因为服装本身就是电影的重要组成部分。同样，流行的电影会引发特定风格服装的流行。

（1）艺术形式：电影（图4-21）

款式灵感：服装整体的大廓型是以电影中20世纪20、30年代的ARTDECO艺术装饰风格（Art Deco）为主要基调，电影中为了体现那个年代的浮华，所以运用了大量的装饰，廓型则是以及膝桶裙为主，如果是长款的话，则会略有收腰的效果。领口处会缀有豪华的毛领子，及膝的长度在当时是非常时髦的象征。无袖露出纤细的手臂也是为了搭配漂亮的臂环或者手镯。电影中的戏服也为后来各大品牌设计极简重工的服饰提供了无限灵感。

图4-21 以电影《了不起的盖茨比》为灵感的设计

（2）艺术形式：建筑外观

时尚品牌库什尼与奥克斯（Cushnie Et Ochs）2012春

季服装设计系列以澳大利亚悉尼歌剧院为设计灵感。

款式灵感：这组设计最明显之处就是在胸口的位置模仿了悉尼歌剧院的外轮廓，巧妙变形之后，成为对称的两个裁片，形似胸衣，结合三角形肩带的交错设计，非常具有现代感（图4-22）。

（3）艺术形式：建筑结构

时尚品牌三宅一生（Issey Miyake）2014春季的服装设计系列，以西班牙马德里艺术画廊的建筑结构为设计灵感。

款式灵感：首先材质的选择上非常英明，完美复现了马德里艺术画廊里阶梯的质感。从款式上面来看，腰间的斜梯形腰带参照了转角楼梯的形状，刚硬有力量感。设计最大的亮点在裙身的处理上，用缝制工艺将楼梯层层递进的感觉从钢筋水泥过渡到了柔软的面料之上（图4-23）。

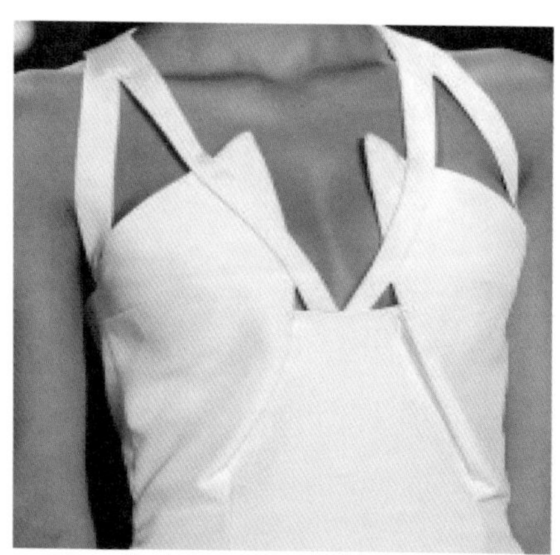

图4-22　以建筑外观为灵感的设计

图4-23　以建筑结构为灵感的设计

（4）艺术形式：建筑装饰

时尚品牌瓦伦丁·尤达什金（Valentin Yudashkin）2014春季服装设计系列，以法国凡尔赛宫教堂建筑装饰为设计灵感。

款式灵感：凡尔赛宫是很多服装设计师的灵感源泉，其繁复的雕刻艺术、金碧辉煌的建筑风格，都很容易成为流行的热点。

瓦伦丁·尤达什金这件设计作品，除了用色搭配上完美复刻了凡尔赛宫的奢华大气之外，最巧妙的是腰线处的细腰设计，象征了宫殿柱子的拱形门，把模特身材衬托得像艺术品一样完美（图4-24）。

图4-24　以建筑装饰为灵感的设计

（5）艺术形式：装置艺术

波兰超模玛德莲娜·弗莱克维亚（Magdalena Frackowiak）在*Dazed & Confused*杂志2010年2月刊中所穿服饰就是以美国纽约市红色立方体装置艺术为设计灵感。

款式灵感：玛德莲娜·弗莱克维亚所着的这件服装非常现代和前驱，款式上最大的特点在于挖空。从正面看，大裙身上面挖出了一个圆形的空心球体，而后身接近裙摆处则是突兀的方块断层，体现了对这个装置艺术品的致敬（图4-25）。

图4-25　以装饰艺术为灵感的设计

（二）处理趋势信息的方法

1.洞悉市场变化

除了具备良好的审美和扎实的设计技能之外，善于对事物观察并把观察到的东西通过服装廓型、面辅料设计、颜色搭配等手法表达出来，才能设计出符合市场需求的作品。

在我们通过各种渠道获取了形形色色的信息之后，怎么去选择和辨别哪些是有效信息，哪些是周边信息，哪些是无效信息呢？

这就要求设计师们具备很高的信息过滤能力，要锻炼自己具备这样的能力就要从洞悉市场的变化开始，因为只有非常清楚市场的走向，才能把握准确的方向，去筛选和组合信息。可以从生活方式、价值观、消费偏好、审美走向、同行竞品、跨行产业这些角度去了解市场。

（1）价值观

价值观的改变可以解读为直接影响市场走向的因素，一般来说，价值观不太会在短期内轻易被颠覆或者改变，但也会有特殊情况，比如突发的自然灾害、政策法规等都会影响人们的价值观。

根据维基百科，价值观（Values）是一种处理事情时判断对错、做选择时取舍的标准。有益的事物才有正向价值，对有益或有害的事物评判的标准就是一个人的价值观。不同的价值观会产生不同的行为模式，进而产生不同的社会文化。价值观也可以说是一种深藏于心的准绳，在面临抉择时的一项依据。价值观会指引一个人去从事某些行为。因此，洞悉当代人群的价值观是万事的根本。

（2）生活方式

市场风向最重要的体现就是在消费者的生活方式上，因为生活方式直接决定着他们怎么去花钱，所以需要时刻了解最主流和最新潮的生活方式是服装行业从业者的必修课。生活方式包括穿着风格、饮食习惯、出行形式、旅游风尚、健身运动、休闲娱乐等方面。

（3）消费偏好

怎么买东西，喜欢买什么样的东西，不同的环境下购物的心态是如何的，这些问题其实仔细想来，都有内在联系，组合在一起就是所谓的消费偏好，这也是一个直接影响消费者决策的驱动因素。消费偏好是指对某种产品的喜好程度，根据自己的意愿对可供消费的产品进行排序，这种排序就反映了消费者的个体需求，即兴趣和偏好。产品本身其实不分好坏，但是要找对市场和渠道以及有适当的包装营销。消费偏好发展至今包含的领域已经很宽泛了，除了消费者本身的偏好之外，还有线上或线下的购物渠道、产品推广的形式、营销的平台、实体店的体验性、售前售后的保障、客户服务等。

（4）审美走向

审美流行对服装时尚领域来说尤为重要，因为服装除其功能性的作用之外，在当下最主要的社会功能就是美化。因此，一个象征美的产品品类，尤其要观察消费群体的审美走向。虽然美和丑没有统一的标准，但是，在一个固定的人群中，人们的审美走向是可以找到规律的，并且是可以被触及的。那么前提就是，对于人群的细分和深入分析，确定好了研究对象之后，他们的审美走向就很容易判断，而最高境界就是用产品去影响和引导他人的审美趋势并让消费者乐意为之买单。

（5）同行竞品

在任何行业，参照物都是很重要的。服装行业也是如此，几乎每个细分市场都有同行在竞争，除了竞争之外，同行还能带来什么？如果是行业龙头，可以指引方向；如果是同段位竞争对手，可以参照之后优化方案，所以观察同行的动态很重要。

同行只能是冤家吗？当然不是。遇到更具备竞争力的同行，可以学习、可以模仿、可以优化，帮助自己少走很多弯路、节约很多资源。因此，洞悉市场变化的最直接的方式就是观察同行的动态，当然需要谨慎选择参照的对手。

（6）跨行产业

除了观察本行业竞争对手动向之外，跨行业和跨领域的观察往往是被很多设计师忽视的，但实际上，它们的作用也不容小觑。设计师要跨行业地去提取灵感要素，这样才能拓宽思路并利于创新。

2.筛选和甄别

在结合市场的走向和动态之后会获取大量的信息，但是其种类繁多、存量庞大，这时候，就需要对信息进行“瘦身”。衡量信息是否可以提炼出有效的趋势点的一个重要准则就是观察这个事件相关信息有无变化，变化代表着进步或者退步，因此有变化的趋势点是需要被关注的。

那么怎么看待那些没有变化的信息呢？如果没有变化，大致可分为两种情况：一是市场热度降低，被关注度不高；二是市场行情非常稳定，被大众所接受。

但是，还是那句老话，当今社会，不在变化中生存，就在变化中灭亡。对找到的信息进行处理，需要寻找一些重要的变化内容，我们可以从辐射面、变化速度、渗透力这三个角度来判断这些变化是否重要。

①辐射面：如果变化不仅是一个产品的变化，不仅是一个点的推动，而是互相关联的很多地方都在发生变化，那么这种变化是一种重要的变化。

②变化速度：如果某种变化发生的速度很快，或者保持着一种加速度的变化状态，虽然这种变化的绝对量很小，甚至微不足道，也要把它认为是一种重要的变化。

③渗透力：如果变化趋势发展到以后，会对核心商业模型造成影响，哪怕这种变化目前影响不大，也应该认为是一种重要的变化。

3.归纳总结及验证

这一步是处理趋势信息中最关键的一步。趋势分析不仅仅是看到变化，而是要分析总结这种变化的力量，研究到底是什么造成了这种变化。所以我们在归纳总结原因的过程中需要避免两种心态：

①偶然心态：认为所有的变化都是个例，都是特殊情况造成的，把问题归结于某种偶发事件。

②自然波动心态：认为所有的变化都是一种自然波动，等到下一个周期以后，就可能恢复原状了。

事实上，如果从数据上看，有时候短期数据甚至可以证明就是偶然或者自然周期。但是，一些必然趋势的发生向来都是从一些偶然事件中引发的。所以，与其把问题归结于偶然或者特例，还不如从更深的角度思考一下，这种偶然和特例中是否带有什么必然因素。因为，这种必然可能就意味着趋势。

在研究明白变化产生的原因与可能造成的结果之后，最后需要的工作就是进一步验证这种趋势的准确性。

4. 趋势现象的推导

当已经得到一些趋势的结论后，需要的是进一步验证这种趋势的准确性。一般来说，一种趋势产生以后，它不会仅对一个领域有影响，而是会在很多场景下产生变化。这时候，需要在更大范围内寻找证据，以验证预测的趋势。

如果得到的验证都是肯定长效的，那么就意味着找对了方向，接下来就是思考如何将趋势变现在自己产品之中了。

（三）服装流行趋势的预测方法论概述

服装流行趋势组成共有五个趋势版，包括主题版、色彩版、面料辅料版、款式版、图案版。

如是全品类品牌，一般每一季，会按照男、女、童的不同市场进行趋势版的制作，色彩、面料、廓型、图案都会各有不同，但同时基于同一个大主题之下。

如果是单一品类品牌，则按照不同产品线进行趋势版制作，主题、色彩、面料、廓型、图案和辅料都各有特色。

1. 主题版

主题版将该季度的产品进行定调。主题版一般来说，一年两次，分为春夏和秋冬，每年的四大时装周也是按照这个规律发布的。以2022年为例，如2022SS（2022春夏）和2022AW（2022秋冬），但由于秋冬版一般会跨越两个年份，所以秋冬版通常也会注解成为2021/2022AW或者2022/2023AW以示区别。

但随着现在商业模式的发展，很多快时尚品牌和设计师品牌的涌现，会模糊掉季节的界限。因此，在实际操作中不可过于刻板，要根据实际情况调整。

主题版一般由四个部分的组成：

①主题名称：包括年份和季节，以及针对的品类市场或该主题的名字。

②主题概述：用简明扼要的文字对这个主题进行说明和解释。

③关键词拆解：提炼几个跟中心思想相关的词组，可以跟颜色、面料、廓型或主旨立意相关，但无需展开。

④灵感图片：选择可以说明中心思想的图片，可以抽象也可以具象。

2. 色彩版

色彩版是该主题下色调和重点色的集合，色彩版一般跟随主题的年份和季节排布。色彩版的作用是把当下主题里面所要表达的主题色，按整组搭配，将需要用到的颜色色系系统地排列展示出来。

色彩版一般由四个部分的组成：

①色彩趋势：包括年份和季节，该主题下的整体色彩特征和走向。

②主题色：该主题下的主色、代表色、潮流色。

③色彩搭配：一般围绕主色的不同，色彩组合应用于外套、上装、下装等不同品类上。

④主题色版：列出所有颜色的排列组合，并注明色号。

3. 面料辅料版

面辅料版就是该主题下所需要使用的面料辅料的集合。首先面辅料也是分季节的，春夏和秋冬的面料是完全不同的。除非是特殊品类，比如泳衣，那么可以合并季节。一般分为机织版和针织版。

面辅料版的作用是把当下主题里面可能需要用到的面辅料或者意向面辅料集合起来，跟颜色主题款式等进行匹配。

面辅料版上所展示的示意样不一定是实体面料，有的时候由于资源的限制，无法找到合适的面辅料，也可以用图片代替。但设计师心里一定要清楚该面料的风格或者可以生产此面料的工厂，并注明在面辅料版上。

面辅料版一般由四个部分的组成：

①面辅料趋势：结合当季主题，阐明面辅料的特征和质地。

②面辅料分类：根据大主题下细分产品品类，进行组合。

③面辅料搭配：选用面料时需要搭配的辅料要展示出来，包括特定的颜色都要说明。

④成分和制造说明：每种面料旁边都要注明面料成分，如需特殊工艺也要注明。

4. 款式版

款式版一般分为男装、女装或童装，如果做的是单一品类品牌就针对品类即可。款式版就是把当季所需要用的上装下装的所有款式图或者灵感图集合在一起。款式版一般会按照上装、下装、外套、套装、连衣裙等进行分类。

在趋势版上看到可以代表设计意图的灵感图，如果有特殊工艺处可以指明。

款式版一般由四个部分组成：

①款式风格概述：根据主题阐明这个系列的款式主要表达的意图和主旨。

②品牌灵感图：找到近似的图片来说明所需款式。

③款式图：在灵感图的基础上绘制出理想的款式图。

④设计细节：如有特别需要说明的，可以列出。

5. 图案版

图案版就是该主题下所要设计运用到的纹样式样或图案式样。图案版一般是结合色彩版一起使用。同时在图案实现的过程中会有很多种不同的工艺或方式来实现，所以需要标注清楚想要的工艺效果。

图案版一般由四个部分组成：

①灵感源：每个图案或印花都有相对应的灵感图片，从灵感源中获取新的灵感。这个灵感源一般和主题息息相关。

②主题概述：对于一组图案或印花进行适当的文字说明，表明设计意图。

③矢量文件：电脑绘制的图案，以便工厂打样时使用。

④配色表：相当于图案或印花的配方，每个部位需要什么颜色、工艺或材质都应该标注清楚。

（四）主题、色彩、面料、图案趋势版的解读及运用

1. 主题趋势版的解读及运用

①封面页：选一张具备代表性的灵感图当封面，取好主题名字并标注所对应的品类和季节年份（图4-26）。

图4-26　主题趋势版——封面页

②灵感页：需包含主题名字、代表性的灵感图，注意此页无需文字赘述，排版力求整洁美观、体现主题即可（图4-27）。

图4-27　主题趋势版——灵感页

③主题概述页：文字简述，字数根据排版适当调整；灵感图一般选择3～5张有代表性的，不宜太多；趋势要点在概述的基础上展开，分几个小点说明（图4-28）。

图4-28　主题趋势版——主题概述页

2.色彩趋势版的解读及运用

一般色彩趋势版可以分为两种形式，下面将每种形式中需要包含的要素进行说明。

（1）形式一

按照色号进行色彩趋势版的制作，其中需要包含的元素有所有色号、灵感图以及色彩方案文字说明。如图4-29所示，其中蓝色圈数字1部位表示的就是所有需要用到的色号，一般按照由深至浅或者由浅至深的顺序进行排列，并且要标清楚色号。然后橙色圈数字2所标记的位置就是排列灵感图的位置。灵感图一般来说，选择4~6张有色彩代表性的图片为宜，配合绿色圈数字3标记部位的一小段文字来解释一下选择这些颜色的原因即可（图4-29）。

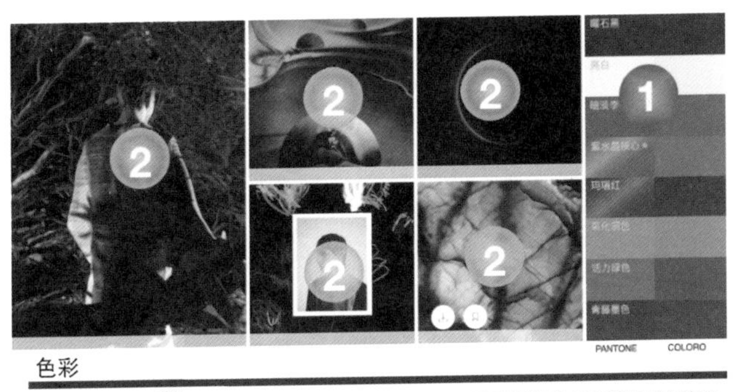

形式一

❶色板：该主题下所需要用到颜色有序排列并注明色号

❷灵感图：一般选择4~6张跟颜色相关、有代表性的图片

❸色彩方案阐述：一段文字来解释一下为何选择这几组颜色

图4-29　色彩趋势板——形式一示意图

（2）形式二

按照色彩搭配的组合进行色彩趋势版的制作。同样也是包含三个要素，即颜色搭配的色块、灵感图以及文字说明。跟形式一不同的是，形式二的色板会根据主色和辅色的面积占比进行排列，并且标注好所有色号，这样做是为了让读者明白不同颜色的占比和重要性，占比越大证明这个颜色越是重要，可以参考绿色圈数字3标注的部位（图4-30）。

形式二

❶色板要点：简明扼要的文字说明重点

❷灵感图：一般选择4~6张，有序排列

❸色板：跟形式一不同的是，形式二的色板会根据这个主题下的主色和辅色的面积占比进行排列

图4-30　色彩趋势版——形式二示意图

3.面料趋势版的解读及运用

一般面料趋势版可以分为两种形式，下面将每种形式中需要包含的要素进行说明。

（1）形式一

按照主题进行面料趋势版的制作，需要包含主题名字、面料灵感图以及文字说明，如图4-31所示。蓝色圈数字1标记部位是主题故事的名字，橙色圈数字2标记部位是灵感图展示的位置，这里可以多选一些代表面料的灵感图，一般按照针织和机织的不同类别对面料进行分类整理，如遇到一个页面放不下的情况可以分为2～3个页面进行制作。最后就是文字说明部分，如绿色圈数字3标记部位所示，面料版上需要简明扼要阐述选择这些面料的原因以及如何呼应大主题，可以用文字说明的形式阐述清楚（图4-31）。

（2）形式二

按照面料的功能性进行制作，包含的元素有主题版名字、灵感图、文字说明。这个形式中需要特别说明的一点是，因为是按照面料的功能性进行的划分，所以文字说明里除了说明主题之外，应该侧重说明这些面料的功能是什么以及面料的成分和构成，如图4-32所示。

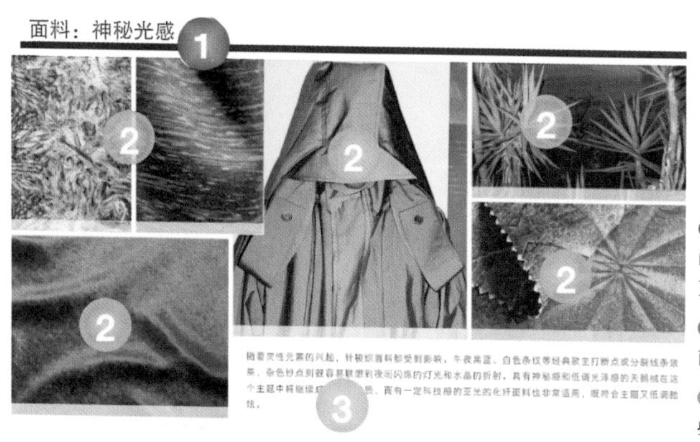

❶小标题：大主题下会分几个不同的小标题，面料版中一般至少3~4页，每个小标题一页

❷灵感图：这里可以多选一些代表面料的灵感图

❸文字说明：简明扼要阐述选择这些面料的原因以及如何呼应大主题

图4-31　面料趋势版——形式一示意图

❶小标题：大主题下会分几个不同的小标题，面料版中一般至少3~4页，每个小标题一页

❷灵感图：这里可以多选一些代表面料的灵感图

❸概念说明：简明扼要阐述选择这些面料的原因以及如何呼应大主题

❹纤维纱线结构处理：阐述面料的成分和构成

❺应用：此页上面料将应用于哪些品类

图4-32　面料趋势版——形式二示意图

4.图案趋势版的解读及运用

一般图案趋势版可以分为两种形式，每种形式中需要包含的要素如下。

（1）形式一

按照图案风格进行趋势版的制作，需要包含的元素有标题名称、灵感图片以及文字说明。需要注意的是，有时候一张灵感图就代表了一个图案，因此可能会涉及有很多灵感图的情况，也可以分几页进行制作，版式布局可参考下图（图4-33）。

❶小标题：大主题下会分几个不同的小标题，印花版一般也会有若干页

❷灵感图：这里可以多选一些代表印花的灵感图与自己绘制的矢量图

❸概念说明：简明扼要阐述选择这些印花的原因以及如何呼应大主题

图4-33　图案趋势版——形式一示意图

（2）形式二

按照主题匹配相对应的图案，这个形式的图案趋势版看起来会更加直观和清晰。但是在制作的过程中往往会遇到一个难点，就是很难找到刚好匹配的灵感图，这个时候自己也可以绘制一些矢量图代替灵感图，同样也可以起到很好的说明作用，只是过程会相对烦琐一些。另外需要注意的是，图案趋势版中需要在文字说明中注明大概的工艺（粉色圈数字4所标记的位置），比如丝网印刷或者数码印之类的，因为工艺的种类最后会直接影响服装成品的风格。黄色圈数字5所标记的则是该图案系列适用的服装品类，比如上装、下装、泳衣等，其他布局可以参考图4-34。

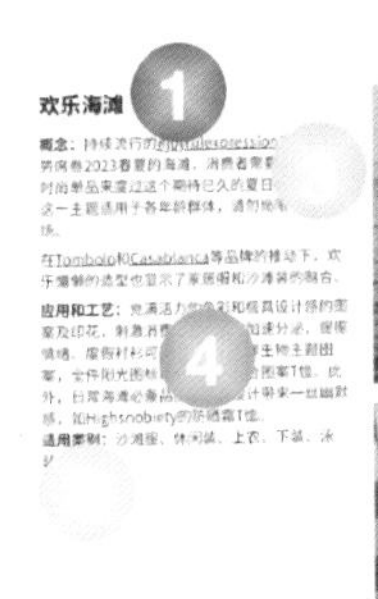

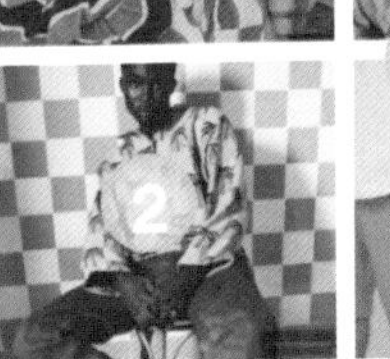

❶小标题：大主题下会分几个不同的小标题，印花版一般也会有若干页

❷灵感图：这里可以多选一些代表印花的灵感图与自己绘制的矢量图

❸概念说明：简明扼要阐述选择这些印花的原因以及如何呼应大主题

❹应用和工艺：将需要说明的特殊工艺和技法阐明

❺适用：匹配相对应的款式

图4-34　图案趋势版——形式二示意图

（五）款式趋势版的解读及运用

款式趋势版仔细分解，包含廓型轮廓、款式灵感、细节设计、面料种类等要素，其重要意义在于可以指导样衣生产。因此款式版的制作也非常具有实际意义，既要考虑如何扣题更要考虑样衣师傅通过这个趋势版是否可以领会设计的风格和意图，结合制衣单更好地把设计意图表现出来。款式趋势版可以说就是设计和生产链之间的沟通工具。

款式趋势版一般由四个部分组成：

①款式风格概述：根据主题，阐明款式主要表达的意图和主旨。

②品牌灵感图：找到近似的图片来说明所需要的款式。

③款式图：在灵感图的基础上绘制出理想的款式图。

④设计细节：如有特别需要说明的工艺或细节，可以列出。

一般款式趋势版可以分为两种形式，下面将每种形式中需要包含的要素进行说明。

（1）形式一

按照风格进行款式趋势版的制作，需要包含的元素有款式名称、灵感款式图以及文字说明。款式名称跟灵感款式图需保持一致，并且结合若干精练的文字进行风格说明。需要注意的是，在制作的过程中，有些款式无法找到刚好符合设计意图的现成图片时，就需要自行进行绘制，可以参考橙色圈数字2所标记的位置，灵感图与款式图相结合的方式也是我们日常经常使用的，具体的版式布局可以参考下图（图4-35）。

暗黑派克大衣

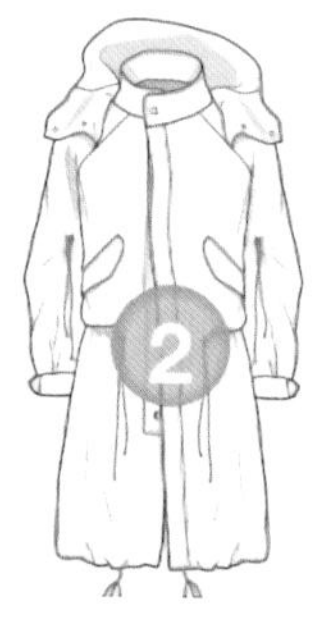

❶文字概述：包含契合的主题，单品的名字和简单的文字描述

❷款式图：矢量文件，设计师自行设计

❸灵感图：类似的款式和工艺可以说明想要实现的款式

图4-35　款式趋势版——形式一示意图

（2）形式二

按照品类进行款式趋势版的制作，需要包含的元素跟形式一类似。因为是

按照品类进行的制作，所以在同一个趋势版上会呈现风格迥异的现象，因此这个形式的趋势版往往用于市场调研阶段，而形式一一般用于产品企划阶段，设计师一定要搞清楚自己的工作目的是什么，然后明确自己趋势版的布局和形式（图4-36）。

对于板型设计师来说，了解款式趋势版的构成是远远不够的，根据不同的维度，还可以对其进行分类，可以帮助板型设计师们更深刻地了解板型设计的原理，在这里列举了五种常见的维度进行分类说明：

❶文字概述：包含契合的主题、单品的名字和简单的文字描述

❷款式图：可以是矢量文件或者实体图

❸细节工艺：可以用文字描述或者用实体照片说明

图4-36　款式趋势版——形式二示意图

1.根据不同品类进行款式趋势分析

在服装设计工作中，我们常把服装品类分为上装、下装、套装、连衫、裤装、西装等，而这些不同的品类所涉及的板型、工艺细节和趋势走向是各不相同的。按照服装品类来分，除了以上提到的品类之外，随着时代潮流的发展，其实还有非常多的变形，本章在此部分解析最为经典和流行的几种款式（图4-37～图4-46）。

小香风复古粗花呢外套依然流行，但在面料、廓型上有所更新。粗花呢外套除了经典的箱形廓型，还延伸出街装感oversize廓型。花式纱线与金线交织出低调奢华的优雅气质。短毛流苏、优雅珍珠和复古纽扣的装饰细节让单品风格更多元化。

图4-37　上衣款式：经典复古粗花呢外套

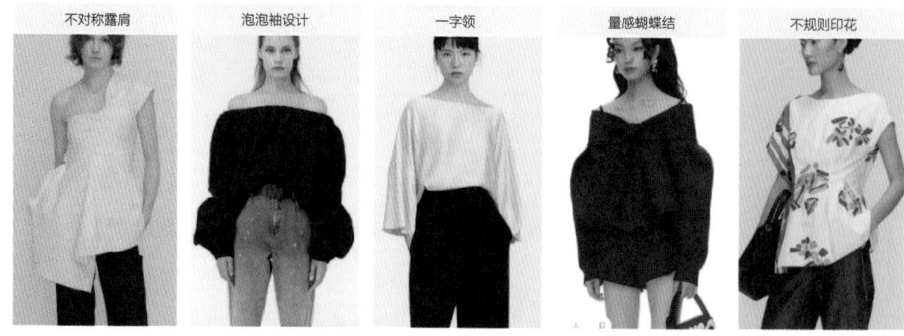

露肩款机织上衣与颠覆性感趋势相契合，搭配泡泡袖和蝴蝶结的设计可增添甜美气质，不对称露肩和突出腰线的设计凸显优雅气质，打造适用于多场合穿搭的日常华美造型。

图4-38　上衣款式：潮流露肩套头衫

商务休闲风格的阔腿长裤因其舒适和优雅兼备的格调备受人们青睐。结合上装搭配打造干练潇洒的造型，可考虑聚焦腰部的细节设计增加整体看点。脚口的开衩、翻折等设计元素可与脚口围度互相匹配适应，为廓型带来新的变化和改良。

图4-39　裤装款式：经典高腰阔腿裤

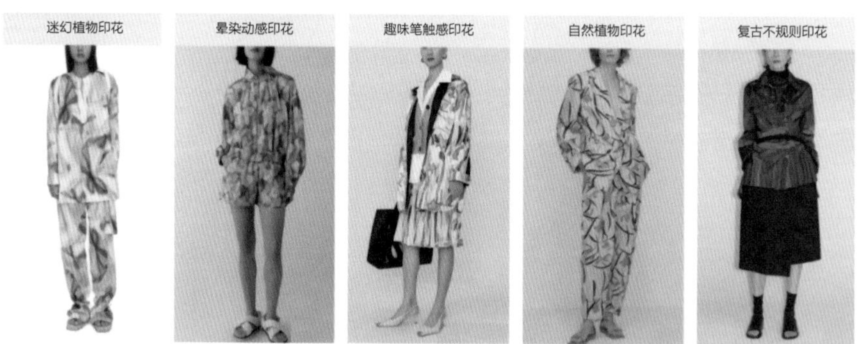

拥抱自然生态与科技浪漫两种风格交织并存的新颖印花令人耳目一新，在2023年春夏成为印花的重要趋势。柔焦效果印花、水彩晕染风格印花的缤纷配色让通勤单品更显生动活泼，为都市女性的衣橱增添一抹亮色。整体呈现出轻松惬意的春夏浪漫氛围，满足消费者渴望亲近自然的心理需求。

图4-40　套装款式：整套印花套装

风衣单品在设计上延续长款款式，注重量感褶裥的灵活设计，褶量围绕在领部、肩部、腰部或袖部为极简主义风衣增添优雅的女性气质。采用经典耐看的中性色调，提升单品实穿性，新颖独特的腰部开口褶裥和色块拼接设计迎合当下潮流，是吸引年轻消费者的关键。

图4-41　风衣款式：经典百褶长风衣

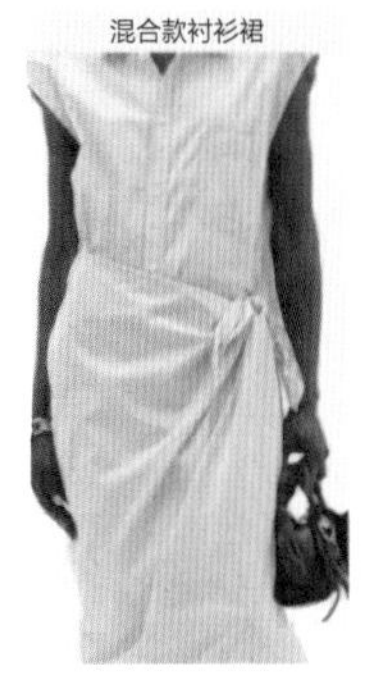

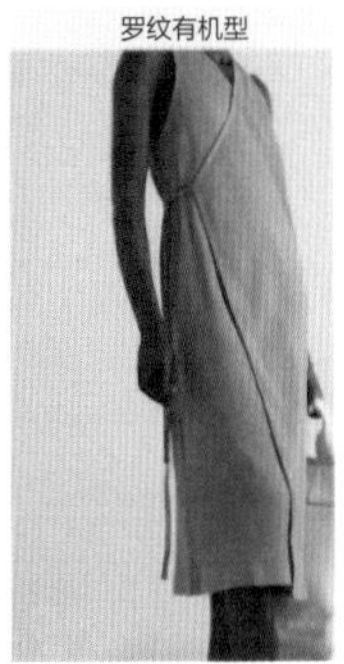

休闲穿着为革新裹身裙带来灵感。迎合质朴优雅主题，用洋裁细节搭配宽大和服款式来打造连衣裙，适合海滩休闲和酒吧娱乐。正面包裹设计下方加入可调节腰带，便于根据自身需求放松或收紧，实现百搭功能。缎面适合低调出席摩登礼服场合，牛津条纹或细条纹适合商务休闲风格，而格纹则方便日常穿着。还可用柔软的罗纹有机棉搭配天然染料打造源于自然的环保色彩。

图4-42　连衣裙款式：潮流包裹式连衣裙

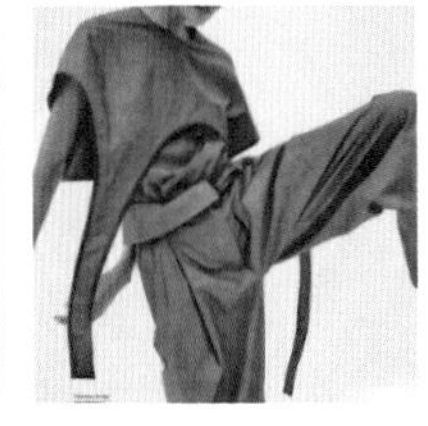

设计要点：舒适感和宽松款式继续流行，洋裁阔腿裤是考究品类和休闲造型的关键单品，松紧裤腰模糊了职业装与居家造型之间的界限。

2021春夏T台数据肯定了该趋势，阔腿裤占裤类的27%，年同比增加了2个百分点。我们在流行趋势上也追踪了超级阔腿裤趋势。

设计细节：摆脱极简建筑风，走向洋裁风，让洋裁长裤迈入高级休闲领域。

使用柔软飘逸面料制作，打造休闲外观。从侧边到背面都可加入松紧腰带，不过正中央的布局依然经典。

图4-43　西裤款式：潮流阔腿西装长裤

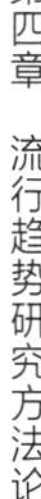

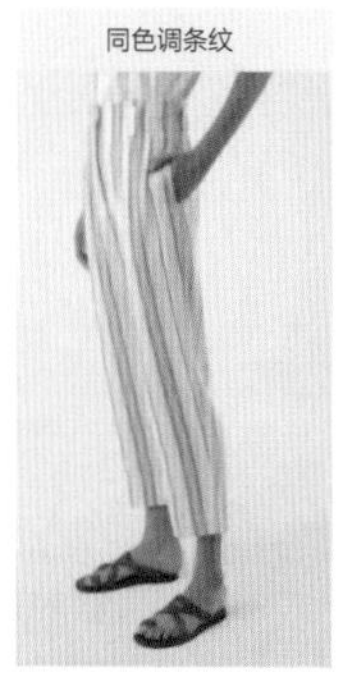

深耕持续流行的宅家度假主题，以柔和航海风更新长裤。使用手感干燥的天然面料，如亚麻或大麻纤维。选择高级中性色和水洗感色彩，令经典条纹焕然一新。

用织物腰带更新上季的系扣腰带，再加上金属装饰，如D形环搭扣，打造可调节的款式。

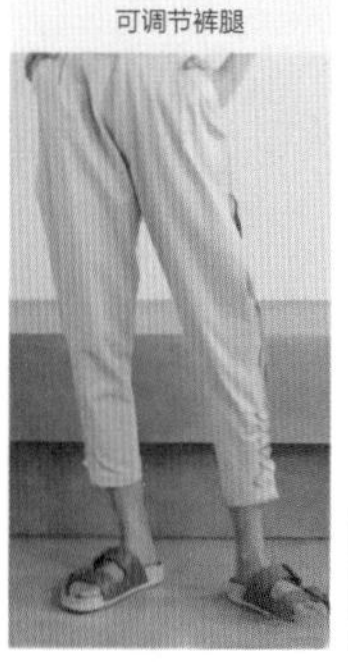

在直筒长裤的脚踝处加上拉绳或系带细节，令款式可调节。用内折的褶缝设计带来二合一的模块效果，穿上后可以根据自己的偏好自行调节款式。

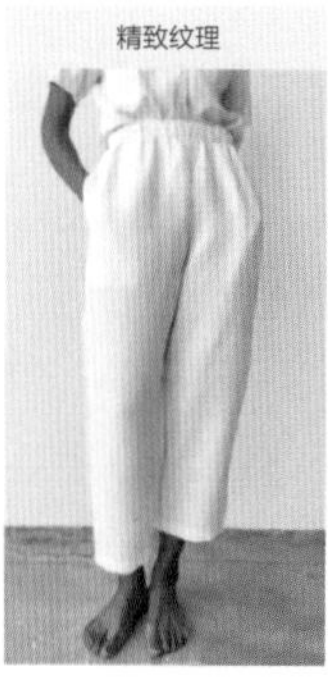

作为2022春夏的关键概念，选择轻微起皱带褶的面料，如泡泡纱。打造核心款式上的表面意趣，契合极简纹理趋势。

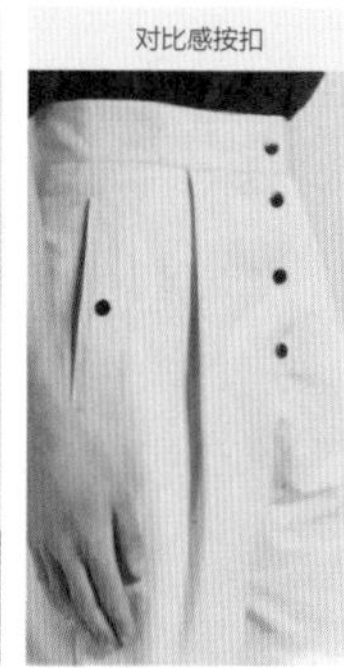

舒适依然是消费者的首要考虑因素，因此可以用按扣代替纽扣和拉链。这样不仅更能方便穿着，还契合了精致功能装的主题，这在实用未来趋势中也有所强调。

图4-44　长裤款式：经典直筒九分裤

设计要点：考虑到全球旅行途中的特殊场合需求以及不断变化的气候环境，短裤套装席卷2022春夏T台。该造型主打偏休闲的西装，却又不失典雅风范。

设计细节：经典两粒扣西装最受青睐，但潮流双排扣款式也不乏热度。建议用宽松西装搭配松垮短裤，由此呈现相得益彰的效果。鉴于色彩是该趋势的另一个关键要素，请优先选择具有前卫色调的面料，包括平纹布和纹理感平纹布。泡泡纱将继续挺进2023春夏市场。

图4-45　西装套装款式：潮流短裤西装套装

极致舒适是本季T台上最常见且最易呈现的趋势之一。可推出放松廓型的西装，加入松紧或抽绳腰头，设计内敛细节，选择舒缓中性色板。放松休闲的整体造型完美平衡了舒适居家办公设计和干练职场风格。

图4-46　西装套装款式：经典意式宽松西装套装

2.根据不同主题进行款式趋势分析

每一季设计师们都会划分不同的主题进行企划和设计，款式也不例外，根据不同的主题也可以对款式进行拆解分析和预测，下面以趋势机构WGSN发布的几个趋势主题为例，对于这些主题下的款式进行分析。

（1）案例1：WGSN发布2022/2023秋冬男装趋势——妙简于形

“妙简于形”主题倡导智能和百搭设计，以适应居家、工作、娱乐于一体的生活方式。奢华家居服、改良经典款设计皆为重点，简约设计以价值为优先，将经典单品的最优特性融于一体，色彩、装饰和图案将展现购买趋势，重视柔和工作装以及奢华休闲装的流行。根据“妙简于形”这个主题阐述，可以对应主题的款式灵感图（图4-47）。

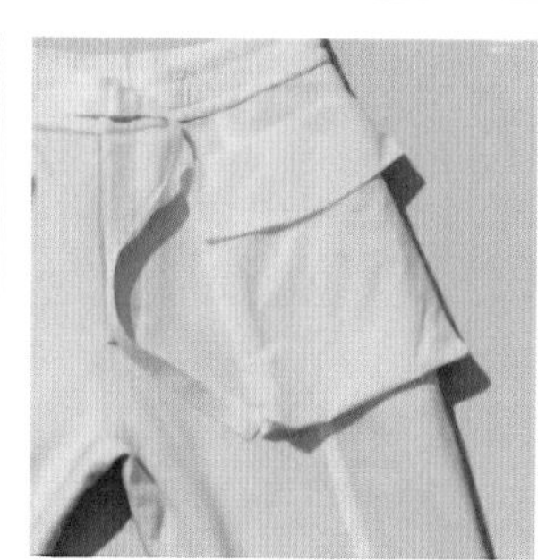

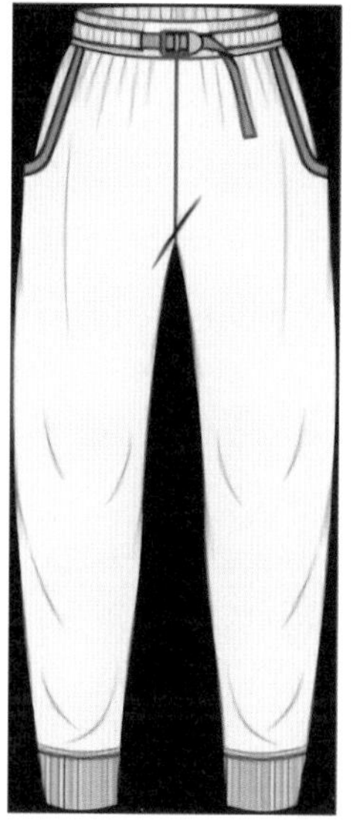

图4-47 “妙简于形”主题下男装裤子款式

2022/2023秋冬女装趋势主题“妙简于形”倡导的是经典女装设计，主张以精良基本款释放持久魅力，用色彩、细节与非凡廓型彰显新意，专注于经典、实用、易穿型单品，后疫情时代的生活方式将催生新品类，重点在于娱乐、放松与休闲。推出稍显瑕疵、多彩俏皮的款式，升级再制日益流行，环保面料与天然染料越发普及（图4-48）。

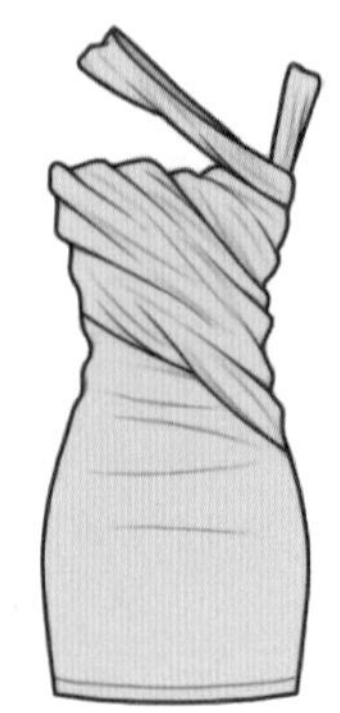

图4-48 “妙简于形”主题下女装连衣裙款式

（2）案例2：WGSN发布2022/2023秋冬男装趋势——超凡之域

“超凡之域”主题主要讲的是随着现实和数字世界日益融合，“超凡之域”推崇具有超脱避世感的男装设计，可考虑太空时代感的极简风格、神秘图案和醒目建筑板型。拥抱正向充满可能性的世界，开创更美好的可持续未来。通过板型和结构打造超现实效果，探索连接过去与未来的印花，了解感官体验的重要性（图4-49）。

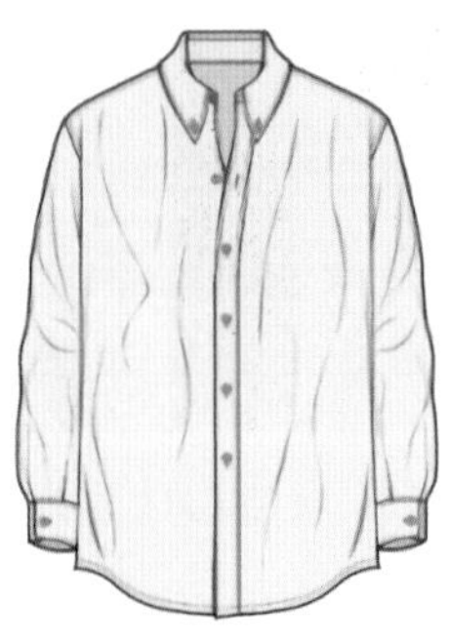

图4-49 “超凡之域”主题下男装衬衫款式

2022/2023秋冬女装趋势主题“超凡之域”，推崇受现实和数字世界融合，启发避世概念的设计，奢华元素、朋克文化以及机能元素为这个奇幻的主题注入丰富的想象力和创造力。打造日常礼服感、重塑类别、极繁装饰推动表面意趣。推动数字创新，将可持续性和可访问性融入设计中（图4-50）。

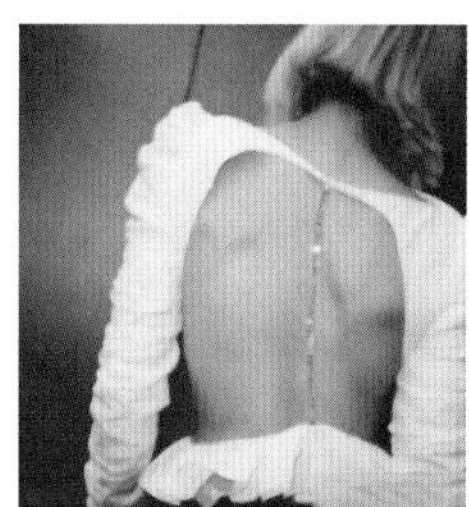

图4-50 “超凡之域”主题下女装上衣款式

（3）案例3：WGSN发布2022/2023秋冬男装趋势——源启自然

“源启自然”主题的理念在于探索户外生活方式变迁对男装设计的影响。手工艺设计、怀旧风格、科技创新以及奢华的徒步造型在此交融，共同演绎着新风尚。让自然走进都市，让都市走向自然，将自然元素融入设计时，同时注意采取可持续的策略。采用经典、复古与怀旧主题，唤起舒适感与亲切感，融入奢华质地以减弱粗犷感，使设计更具精致风尚。同时，可围绕服装的独特细节与功能性设计展开营销（图4-51）。

图4-51 “源启自然”主题下的男装外套款式

2022/2023秋冬女装趋势主题“源启自然”表达的是人们对户外和手工艺的兴趣不断提升，推动“源启自然”趋势的发展，继续借鉴传统的智慧，将舒适、功能性和前卫款式相融合，为以实用性为核心的现代女装增添了一丝冒险精神。消费者对户外的关注不仅限于外套，利用自然的力量，顺应手工艺和兴趣爱好的兴起，以复古主题打动怀旧消费者（图4-52）。

图4-52 “源启自然”主题下女装上衣款式

3. 根据不同品牌进行款式趋势分析

（1）奢侈品牌款式趋势解析

近年来，奢侈品牌在保持品牌原有的标志性元素之外，为了积极获取年轻一代消费者的市场，在款式上做了很大的调整，融入了一些街头的元素，整体来看，款式的设计偏向干净利落，轮廓分明，强调品牌调性，如图4-53所示，汇总展现了三大奢侈品牌款式，品牌从左到右为路易·威登、爱马仕、缪缪（Miu Miu）。

（2）设计师品牌款式趋势解析

如图4-54所示的三个设计师品牌都是当代杰出的代表，既在商业化上运作得很棒，又非常具备自己的个性风格。从款式上来分析，设计师品牌的审美更加小众，板型上也会有很多看点和创新，包括裁剪和工艺，也是众多服装设计师的灵感源泉，如图4-54所示展现了三大设计师品牌款式汇总，品牌从左到右为汤姆·福特（Tom Ford）、亚历山大·王（Alexunder Wang）、玛希恩·玛吉拉（Maison Margiela）。

巴黎，2022秋冬，路易·威登　　巴黎，2022秋冬，爱马仕　　巴黎，2022秋冬，缪缪

图4-53　三大奢侈品牌的近年经典款式汇总

纽约，2022秋冬，汤姆·福特　　纽约，2022春夏，亚历山大·王　　巴黎，2022春夏，玛希恩·玛吉拉

图4-54　三大著名设计师品牌近年经典款式汇总

（3）高定品牌款式趋势解析

高级时装中高定品牌被认为是天花板级别的存在，一般来说面料、板型、工艺、制作都是非常复杂和考究的。因为不是日常穿着，一般也不考虑实用性，款式上极尽夸张，大裙摆、拖地长尾花式百褶抑或者是大斗篷造型，力求打造视觉盛宴，如图4-55所示展现了三大高定品牌款式，品牌从左到右为Ziad Naked、艾莉·萨博（Elie Saab）、詹巴迪斯塔·瓦利（Giambattista Valli）。

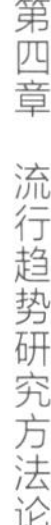

巴黎，2019秋冬高级定制，
Ziad Nakad

巴黎，2018秋冬高级定制，
艾莉·萨博

巴黎，2017秋冬高级定制，
詹巴迪斯塔·瓦利

图4-55　三大著名高定品牌经典款式汇总

第五章

5 流行趋势的实践应用

一、国际流行趋势的状态

（一）影响国际流行趋势的因素

在本书第二章中，提到用PEST的分析模型来对影响流行趋势的因素进行分类 。在原来的PEST模型基础上，增加了Environment（生态环境，后面简称环境）这个维度，更新了模型，以便更适用于服装行业分析应用。

因此，从社会角度来看，要想得知当下国际流行趋势的状态，就要从其根源，即影响国际流行趋势的因素着手，方可有根据地得出结论。

另外，还要探究个体消费者的观念和需求，他们的价值观、文化兴趣、消费习惯、社交媒体等直接影响着流行趋势。

1.消费者共情能力提升

近年来，随着全球文明的进步和发展，消费者的需求取向于更加个性化。这里所说的个性化不单指颜色、面料和款式。而是更加从深层次的内心的情感需求和自我疗愈的角度出发，消费者希望可以通过自己的消费行为来得到心理满足。

对服装行业影响：由于这种现象，流行趋势开始向多元化、本土化的方向发展。

2.刻不容缓的环保问题

可持续发展几乎成为全球统一的发展方向，但全球的卫生流行疾病问题在近些年被广泛关注，层出不穷的各类环境问题让人们不得不在短时间制订新的制度以适应这种变化，可以预判到在未来一段时间内全球卫生问题仍旧是社会关注的重点，因此人们更加意识到可持续发展对于人类社会的意义。

对服装行业影响：抛开对线上线下销售的影响，消费者希望获得治愈的心理需求会越来越强烈，与此同时，对于服装安全的顾虑和资源消耗也会更加受到重视。

3.科技是第一生产力

世界各国正在加大对于高新产业的投资，因为大家都意识到了在未来的世界里如果想要占据一席之地，那么发展科技是必须要攻克的难题。科技的迅猛发展正在以各种直接或者间接的形式深深影响和渗透各行各业之中，其对服装的影响主要分为直接影响和间接影响。

对服装行业影响：直接影响就是一些新型的高科技面料的面世提升了消费者在服装穿着上的体验感。间接影响则是科技风格也开始逐渐成为主流，被年轻消费者追捧为新的经典。

（二）设计理念及款式风格的走向

1. 包容性和实用性

（1）设计理念

包容性的设计更加被整个消费市场需要，对于不同体型、不同身体状况、不同使用场景的消费者，包容性的设计会更加实用，消费者也变得客观而理性，可以接受更多的设计理念，但前提必须是实际有意义，可以提升客户的体验。

（2）款式风格走向

包容性设计的款式风格会以对身材更加友好的方向发展，对于消费者的高矮胖瘦不设限，力求适合更多的人，强调普适性。另外，为了提升实用性能，款式的结构和造型会为产品的功能服务，而将审美放在次要位置。

2. 化繁为简和可持续发展

（1）设计理念

色彩和面料的堆砌已经不再是消费者关注的核心，从设计师到消费者都开始意识到可持续发展的重要性，一件服装的产生过程消耗了多少资源，是否对人体安全反而成为焦点，大家都希望从服装中得到治愈，大自然也是。

（2）款式风格走向

受到可持续环保等理念的影响，这类消费者会奉行简单廓型和利落线条的设计原则，摒弃非必要的无意义的设计，将需要表达的设计元素进行精简和融合，整体款式风格会呈现极简但极为讲究的调性。

3. 需求先行和尊重个性

（1）设计理念

不同的需求和个性都需要得到尊重，这也是服装高级化的真正意义。服装应该更好地服务消费者，而不是被所谓的时尚风潮禁锢住发展的方向。社会在发展，消费者的类型和需求也更加细分和多元，因此，服装的类型本身不分高低贵贱，是否能够更好地满足消费者的需求，无论是保暖身体还是治愈心情，都是成功的作品。

（2）款式风格走向

围绕这个设计理念的服装造型，会根据实际需要功能进行轮廓、结构、组件的设计。

二、中国流行趋势的状态

（一）影响中国流行趋势的因素

1.新经济群体的崛起

我国经济发展的良好势头，导致了一群新消费势力的崛起——小镇青年。他们不再是时尚的追随者而逐渐成为时尚界的弄潮儿。这个群体惊人的消费力和消费欲望有的时候甚至让一线城市的消费者都望尘莫及。因此，这个新经济群体成为各个行业和品牌商们抢占的资源。

对服装行业影响：小镇青年的消费实力足以挽救一个濒临倒闭的企业，因此更需洞悉他们的需求和审美走向，创造出符合这个新消费群体的品牌。

2. 理性消费与野性消费

这是一个非常有趣的现象，一方面人们经历了新冠肺炎疫情的冲击，消费理念发生着剧烈的变化，大家开始逐渐按需购买不再盲目消费，尽量克制自己的不必要开销。而另外一部分消费者却更加执着于为自己的兴趣爱好、情绪价值甚至是流行热点进行消费，因此催生了类似直播、微商等的新业态。

对服装行业影响：对于理性购物的消费者可以奉行实用和需求先行的设计原则，他们更加注重产品本身。而对于野性购物的消费者，则要时刻关注他们的情绪曲线图，及时提取可以满足他们情绪价值的设计点，这样就比较容易打动他们。

3. 本土主义

随着我国经济的发展，越来越多的人开始关注本土的经济，推崇本土的文化，消费本土的品牌。随着本土品牌的强势崛起，人们也坚信将目光和资源倾注在自己国家的品牌上会得到更加优秀的产品。

对服装行业影响：以本土文化为主要基调，国潮服装服饰品牌发展势头迅猛，本土不再“土”，而是一种蜕变过后的新兴潮流文化，除此之外，汉服也正在强势回归到服装行业之中，这些变化都是基于本土主义盛行出现的。

（二）设计理念及款式风格的走向

1. 重塑新中式

（1）设计理念

由中国年轻世代推动的新中式趋势不仅彰显了中国年轻一代与生俱来的民族自豪感，同时也推动着以国风及中式元素为灵感的设计不断复兴。

（2）款式风格走向

全新的中式造型没有固定模板，不墨守成规，中西合璧融合得浑然天成，传统与现代的廓型信手拈来，宽松、贴身、紧身，风格多样，彰显了年轻一代对传统文化的认同以及他们的多元审美和特立独行的个性。

2. 高性能与功能性

（1）设计理念

因为各种不安的因素，人们更渴望获得安全庇护。于是高科技防护性材料、可持续环保材料、模块化及功能性设计越来越受到关注。元宇宙概念引爆全球，它所打造的数字世界与现实世界平行，具有无限可能性，可以成为人们精神世界的避风港，让人获得短暂的释放与逃离。

（2）款式风格走向

元宇宙设计理念具有多种可能，充满矛盾冲突感，是未来与复古风格的碰撞，是高科技与原始元素的对立统一。在款式风格方面，模块化的设计通过各部分夸张的组件设计得以实现。

3. 体验式设计与情绪满足

（1）设计理念

通过全息投影和互动装置提供沉浸式体验，新型的商业模式和产品结构是这类设计理念的核心所在。另外，设计也非无脑地注入高科技的手段，一切设计都要围绕着情绪价值展开，为兴趣爱好买单，实际本质也是提供情绪满足。

（2）款式风格走向

从款式造型和结构线组合来说，突出重点的结构设计可以强调体验感，另外柔和圆润的线条及造型也有很强烈的治愈气息，结合色彩和面料传达产品的情绪价值。

三、流行趋势的实践应用案例

（一）主题分析依据

以我们的PEST分析策略为指导，从社会、科技、环境、政治、环境五个层面对主题进行分析。这些信息为我们宏观预测（未来驱动因素、未来创新领域）所涵盖的主题提供了信息，然后对这些主题进行筛选，形成特定类别的方向性趋势预测。

这种预测方式能对未来的流行趋势，有一个比较准确的推导分析，同时也能够帮助设计师进行后续的设计开发，以及对经营销售端产生方向性的引导。

根据当下全球的宏观驱动因素及趋势热点，我们定位了三大主题进行款式开发应用的分析：多面玩家、东方意蕴、原生之境（图5-1）。

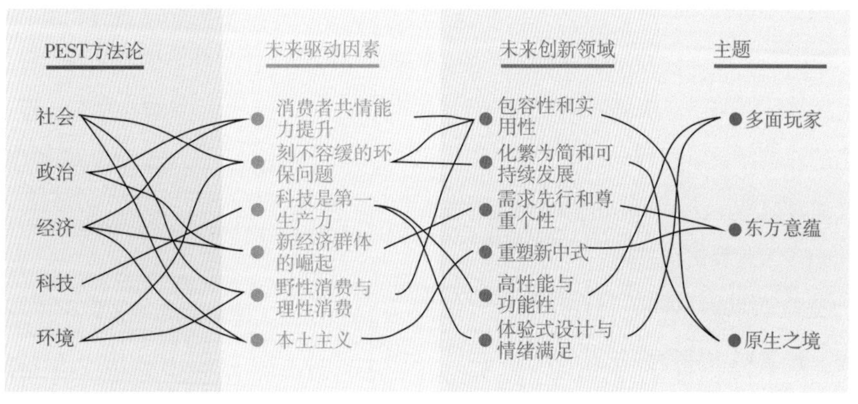

图5-1　主题预测与趋势的联系图示

1. 多面玩家

多面玩家主题维度下将消费者定义为“虚拟先驱者”。他们崇尚和迷恋科技所带来的新奇体验，并作为先驱者，在虚拟现实构建的元宇宙世界里不断探索。环境、物象、算法，甚至是思想等对人类活动与伦理关系所产生的影响都将异化，不断反复修改、更新和替换。人类总是习惯于通过虚拟的化身在真实里寻找虚幻的满足，又总是过度沉浸在虚幻里寻找超越现实的虚拟，通过这个打破虚拟与现实界限的元宇宙媒介，传递乐观情绪，表达真正的自我（图5-2）。

“多面玩家”与宏观预测主题的关系：

①PESTE主题：科技。

②未来驱动因素：科技是第一生产力。

③未来创新领域：体验式设计与情绪满足、高性能与功能性。

图5-2　多面玩家

2.东方意蕴

新中式趋势风格主题是由中国年轻世代所推动，它的形成彰显了中国年轻一代与生俱来的民族自信以及对中国传统文化的认同感和使命感，在圈层文化的影响下，他们自发地传承与推动着以国风和中式元素为灵感的设计。另外，当代的中国文化创意工作者们通过对传统文化的学习和深入挖掘，结合新时代美学理念，进行全新的诠释，持续产出优秀的“新中式”时尚产品。

个性张扬的年轻人并不愿意因循守旧地单纯复制传统，在致敬传统的同时，在不断地寻求创新和突破，在这个过程中涌现了众多优秀创意和设计，传统文化的传承，不仅在于延续，更在于与时俱进，并且让年轻一代乐于接受（图5-3）。

“东方意蕴”与宏观预测主题的关系：

①PESTE主题：社会、政治、经济。

②未来驱动因素：新经济群体的崛起、本土主义。

③未来创新领域：需求先行和尊重个性、重塑新中式。

图5-3　东方意蕴

3.原生之境

原生之境主题推崇天然、传统、社群等能够让人们紧密相连的事物，并探寻它们将如何引导人们迈向未来。

在新冠肺炎疫情冲击下，自然显示出强大的凝聚力与治愈力，这个趋势主题探索了人们与之共生的关系。我们既需要通过可持续和再生工艺保护自然，又需要通过自然馈予人们的舒适裹身防护产品抵御其侵害。我们可以自由探索自然，而自然也可以与我们的空间和产品相融合。原生态材料和成分为设计带来灵感，天然图案、面料和色彩的浪漫质感引发了人们的关注（图5-4）。

"原生之境"与宏观预测主题的关系：

①PESTE主题：社会、环境。

②未来驱动因素：刻不容缓的环保问题、野性消费与理性消费。

③未来创新领域：包容性和实用性、化繁为简和可持续发展。

图5-4　原生之境

（二）主题企划一：多面玩家

1.灵感介绍

在数字传播繁盛发展的时代，循规蹈矩的生活已经不能再满足许多人们的需求。这些自由的灵魂带着冒险精神和好奇心，不断地去探索世界的维度，他们总是在各种各样的角色和场景中切换，享受着在多重身份下的乐趣，成为一个个跨界的"多面玩家"。当然，时尚界也在不断地打破只能作为单一用途和属性的设计界限，满足多面玩家对于身份、场合、场景、领域的多维共生（图5-5）。

关键词：元宇宙、跨界、虚拟世界、不断探索、多面玩家。

图5-5 “多面玩家”灵感图

2.背景简介

元宇宙是利用科技手段进行连接与创造的，与现实世界映射与交互的虚拟世界，具备新型社会体系的数字生活空间。元宇宙会推动虚拟世界超越购物和社交范畴。教育、健康、创意活动和各种启发性体验中都可以看到元宇宙的身影。在这一拓展思维的新领域中，我们将收获能够开拓思维的新理念，了解未来的可能性、探索新的需求和渴望，采取必要的行动，构建一个对所有生命都更加安全、公平、包容的世界。在这一趋势中，无所不在的自然和科技影响力将催生全新的超凡美学。梦幻的数字世界、暮光倾城的景色、发光的海洋生物、荒凉的火星景象，都会为振奋人心的新设计带来灵感。元宇宙始于幻想、兴于社交、终于工具。元宇宙主题维度下将消费者定义为“虚行者”。我们崇尚着科技所带来的进化，并作为先驱探索虚拟与现实构建的元宇宙世界（图5-6）。环境、生物、算法甚至是思想等对人类活动与伦理关

图5-6 “多面玩家”灵感氛围图

系所产生的一切都将异化，不断反复修改、更新和替换。人类总是习惯于通过数字化身在真实里寻找虚幻的满足，又总是过度沉浸在虚幻里寻找超越现实的虚拟，以打破虚拟与现实界限的元宇宙作为媒介，传递乐观情绪，表达真正的自我。

3. 灵感来源

参考风格：未来主义（图5-7）、太空风格，太空风格的美学复兴，霓虹色彩。

游戏灵感：堡垒之夜（图5-8）、赛博朋克。

图5-7 “未来主义”灵感图

图5-8 “堡垒之夜”游戏

4. 色彩趋势

应时而生的“元宇宙”概念，推动着虚拟时尚的发展，随着全球时尚多元化发展，对于元宇宙概念也引发了无限遐想，时尚色彩视觉的强烈观感与数字化色彩的广泛应用，衍生出更多具有新意的个性时尚多维化色彩美学概念，二元宇宙和酸性数字色彩拉近了现实中的人们和虚拟领域的距离，让消费者不断从具有神秘数字力量的虚拟色彩中找寻新的真实，以感官刺激的视觉冲击焕发新的活力气息（图5-9）。

5. 面料趋势

在虚拟和现实的平行世界里，先锋立体装饰面料在元宇宙的世界里显得尤为重要，具有多面的立体感，无论是时装的虚拟走秀还是线下的实体走秀，立体装饰面料所带来的视觉感官冲击是其他面料不可比拟的，金属镭射面料具有

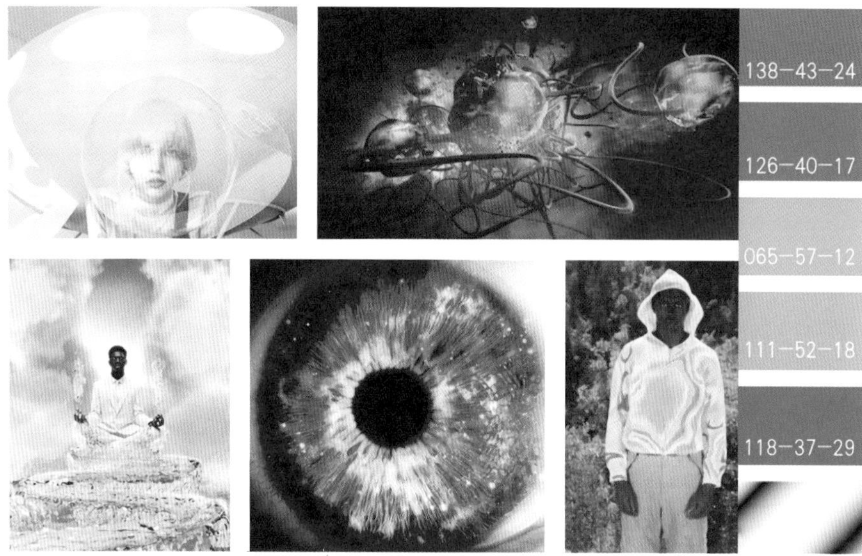

图5-9 “元宇宙”色彩灵感版

先锋时尚科技的未来感，渐变色的立体流苏面料时尚造型感强，薄纱褶皱的立体几何装饰更贴近于数字虚拟化的场景（图5-10）。

图5-10 立体镭射感面料示意图

（1）元宇宙光泽

元宇宙光泽是光泽处理与虚拟美学相结合的产物。金属光泽、光泽涂层和不规则纹理相融合，创造出由数字和元宇宙体验驱动的超凡效果。光泽涂层印花皮革和非皮革制品展现避世感、变革性及虚拟质地表面，金属质地产品呈柔和数字彩虹色，在线上、线下皆引人注目。选用环保再生尼龙和聚酯底层以及再生或水基PU涂层（图5-11）。

图5-11　宇宙光泽感面料示意图

（2）建筑感肌理面料

对传统建筑工艺和精致细节的关注，使建筑感肌理面料成为皮革和非皮革材料的经典设计。利用夸张的纹理皮革、浮雕设计以及不规则的天然材料如软木等，融入不常见的表面纹理中。经典的核心颜色和可靠的怀旧棕色非常适合经典单品。可以通过双色机织条纹打造棋盘格的效果以及混搭拼接效果（图5-12）。

图5-12　建筑感肌理面料示意图

6.图案趋势

①理念：游戏化的体验正在将虚拟和现实相融合，而虚拟现实设计的兴起，

正在将印花和图案与科技联系起来，将迷幻风格注入即将到来的元宇宙之中。

②设计方向：从数字设计风格中汲取灵感，运用发光效果、像素艺术和数字朋克色彩。

③创新：为消费者打造惊艳的数字化体验，与数字设计虚拟时尚创意达人以及虚拟人像模特合作，设计具有虚拟艺术或增强现实艺术风格的真实产品，打造互动式体验（图5-13）。

图5-13　数字化体验图案示意图

7.工艺趋势

①撞色拼接：在经历漫长的不稳定时期后，人们对于经典熟悉的色块全新组合充满期待，富有乐观情绪的超饱和色浪再次回归。该主题主打青春亮眼的大色块拼接，增添积极能量。由于市场普遍回归保守消费心理，建议可在基础款式上采用流行色搭配或是对库存余料进行组合，作主推日常单品（图5-14）。

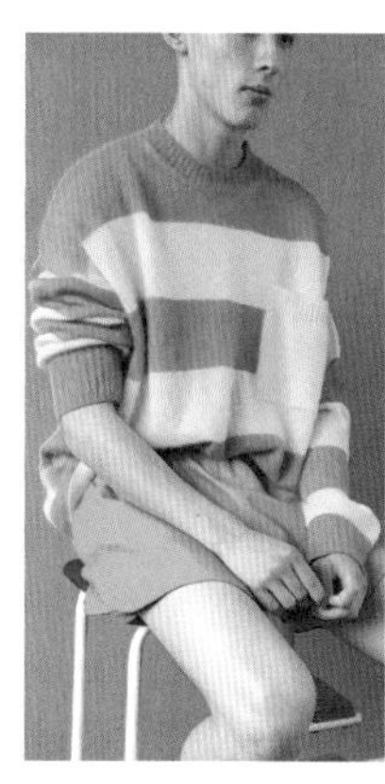

图5-14　撞色拼接设计示意图

②模块化部件：不断改变的生活方式推动着衣橱的变化，可拆卸的模块化部件，增强单品的功能性和实穿性，将围脖、袖套等部件运用充绒绗缝的工艺，打造能够适应气温变化的多场合造型（图5-15）。

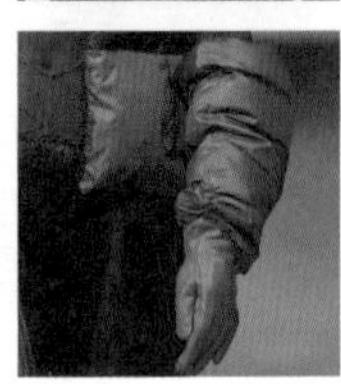

图5-15　模块化部件设计示意图

③体积感造型：通过在肩袖或裙身增加余量形成的膨胀廓型，呈现出极具戏剧化的立体效果，将古典美学与现代服装融合，让元宇宙虚拟角色风格不断传递出新兴的女性力量（图5-16）。

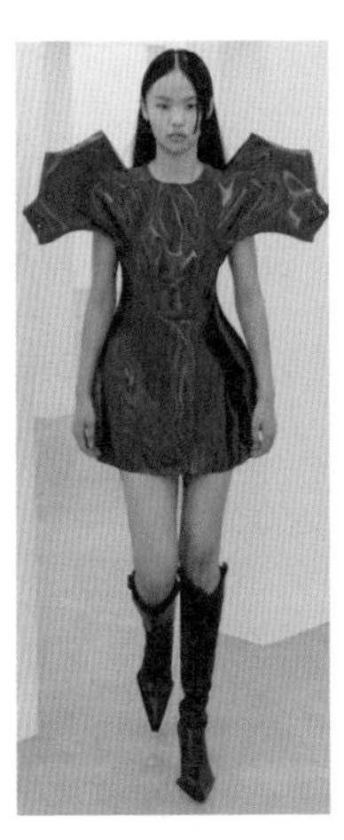

图5-16　体积感造型设计示意图

④放大装饰：通过改变局部结构大小，丰富整体结构层次感，营造强烈的视觉冲击力，能更好地营造出虚拟世界的梦幻感觉，同时也能更好地体现出女性的优雅感（图5-17）。

图5-17　放大装饰设计示意图

8.女装流行款式应用

①截短廓型：截短外套融入垫肩元素以加强肩部的挺阔感与立体感造型，并赋予其强大的气场与个性魅力。在搭配上选择高腰半裙或裤装来拉长腿部比例，或大胆地选择与迷你裙搭配，以迎合更为年轻的消费群体（图5-18）。

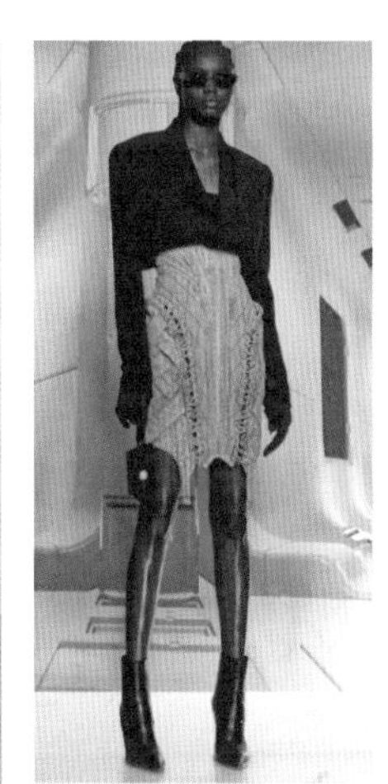

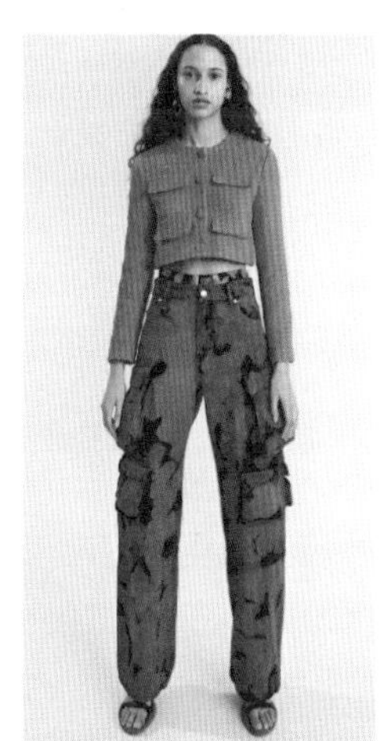

图5-18　截短廓型

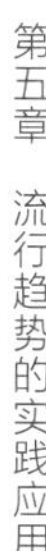

②超大男士西装：将男装的廓型融入其中，夸张的肩部以及超大的廓型设计赋予女性强大的力量感与气场，并塑造富有新意识的都市独立女性形象。直角肩更显凌厉，而与直角肩相比，微弧形的落肩，更显柔美与慵懒的女性化气质（图5-19）。

图5-19　超大男士西装

③截短棉服：膨胀感的棉服结合截短的廓型修饰身材比例，与裙装的搭配为关键之笔，打造兼顾时尚外观与保暖性能的多场合搭配，匹配充满未来感的镭射面料，营造出元宇宙时代女性的飒爽风姿（图5-20）。

图5-20　截短棉服

④量感飞行员夹克：夹克是本季外套的核心亮点，传统的服饰才是后疫情时代真正流行的焦点。比如经典的飞行员夹克，在本季以超大的比例重塑，量

感的外套搭配女性化裙装，整体穿搭造型也显得相对有个性（图5-21）。

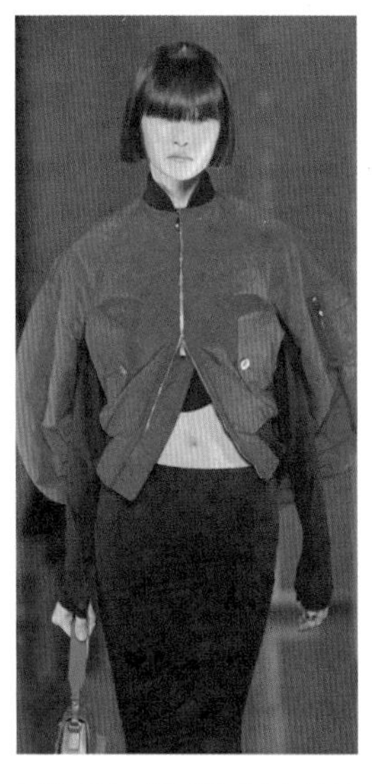

图5-21　量感飞行员夹克

⑤贴身印花T恤："第二层皮肤"风潮仍然影响着新一季的内搭T恤单品。款式上更极简，通过元宇宙科技感的印花、细节叠加以及新的材质运用进行更新，增加单品的高级感，打造市场价值更高的时尚单品，吸引消费者购买（图5-22）。

图5-22　贴身印花T恤

⑥实用工装裤：工装裤已不再是男士衣橱的专属，明亮愉悦的色彩将年轻的女性飒爽气息与元宇宙的精神巧妙糅合，本布的腰带与可收缩的裤脚设计添加可调节的功能性，满足当代女性对于多场合穿着的需求，与截短上衣的搭配打造出休闲女性化的着装方式（图5-23）。

图5-23　实用工装裤

⑦西装阔腿裤：宽松的西装阔腿裤顺应了当前审美的趋势，与截短上衣或抹胸的搭配，营造出一种建筑美感，提升了女性化气息，兼顾通勤、社交等多场合的变化（图5-24）。

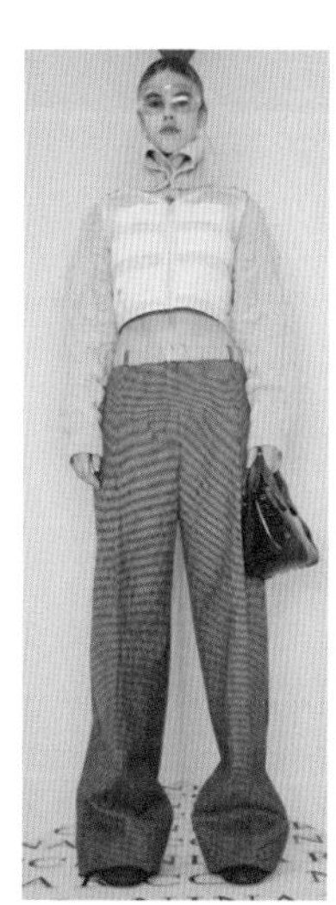

图5-24　西装阔腿裤

9.男装流行款式应用

①T形廓型上装：T形廓型的上装，强调上装的视觉冲击力，从20世纪60年代的复古机器人的廓型感复刻而来，以夸张的肩部和超大的廓型来突显设计感，并塑造富有新意识的元宇宙形象。直角肩更显凌厉，而与直角肩相比，微弧形的落肩，更显科技前卫感（图5-25）。

图5-25　T形廓型男装

②O形廓型夹克：充满体积感的O形廓型微机能夹克由极具膨胀感的面包服改良而来，加宽的袖肥和肘宽使得视觉中部上服装的廓型为弧度较大的O形结构。臂部的设计延续男装盛行的实用主义，可尝试将板型放大1~2码打造慵懒松垮的元宇宙现代感造型（图5-26）。

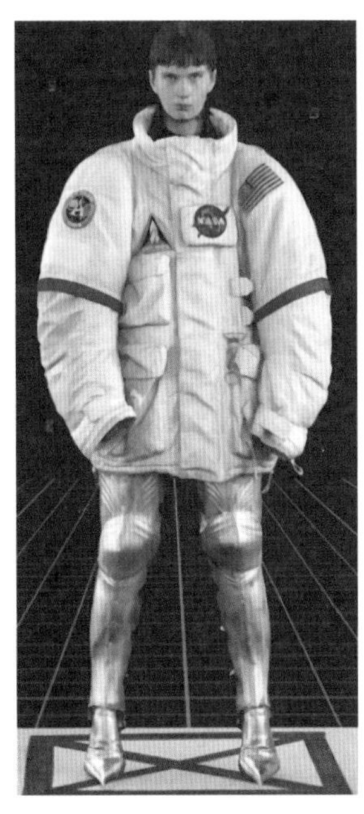

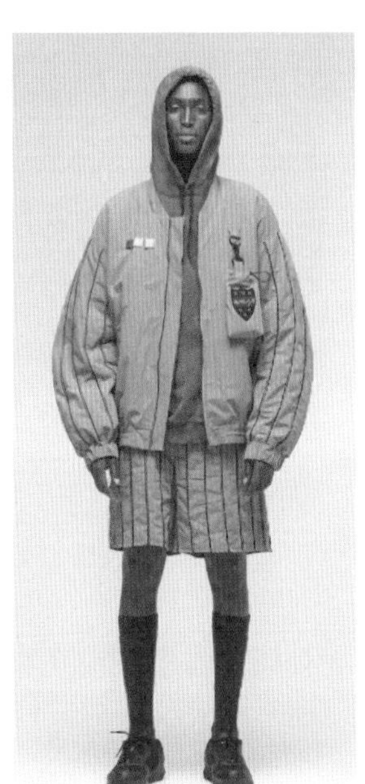

图5-26　O形廓型夹克

③实用夹克：采用截短夹克等实用单品，将充满未来肌理感的面料与经典的男装剪裁相结合，传递对元宇宙的向往；受到极简与实用主义影响，简约造型搭配多功能细节的设计得到更多消费者的推崇，如图5-27、图5-28所示。

图5-27　建筑浮雕感加镭射面料营造出科幻感

图5-28　将LED技术融入服装体现元宇宙的前卫感

④极限填充：从元宇宙的NFT艺术项目中获得灵感，饱满的填充感能够打造兼顾时尚外观与保暖性能的单品。将羽绒的充绒量和蓬松度发挥到极致，彰显具有保护感的视觉造型，同时也能体现出元宇宙的趣味性（图5-29）。

图5-29　填充感外套

⑤防护雨衣：受户外潮湿等环境影响，功能服饰与科技面料备受关注，结合轻透尼龙、极简外形的防水雨衣逐渐出现于日常搭配中，实用户外的款式可打造具备功能性的舒适穿着，可为该单品注入趣味拼接、科技亮色等元素，吸引追求标新立异的年轻客群（图5-30）。

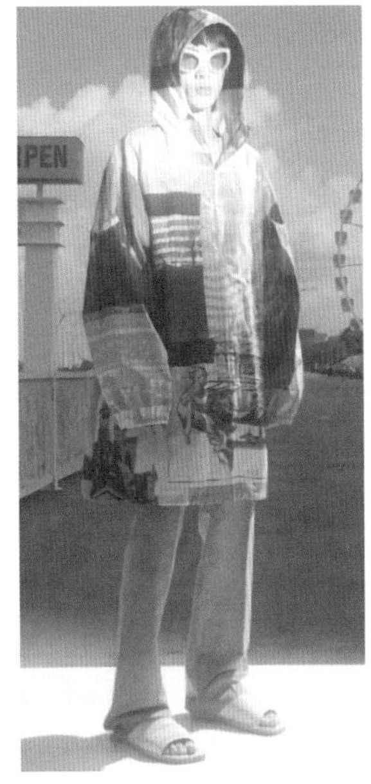

图5-30　防护雨衣

（三）主题企划二：东方意蕴

1.灵感介绍

落实根植其“中”，其形为“新”，以东方结构为基础，传承中华传统文化，探索其蕴含的智慧和可提取的设计元素。致敬非遗手工艺或重讲典故，吸收并融合当代流行元素，与现代文化融会贯通，打造个性化十足的新中式造型（图5-31）。

关键词：传承、融会、新中式。

图5-31　“东方意蕴”灵感图

新中式趋势风格主题是由中国年轻世代所推动，它的形成彰显了中国年轻一代与生俱来的民族自信以及对中国传统文化的认同感和使命感，在圈层文化的影响下，他们自发地传承与推动着以国风和中式元素为灵感的设计。另外，当代的中国文化创意工作者们通过对传统文化的学习和深入挖掘，结合新时代美学理念，进行全新的诠释，持续产出优秀的“新中式”时尚产品。

个性张扬的年轻人并不愿意因循守旧地单纯复制传统，在致敬传统的同时，在不断地寻求创新和突破，在这个过程中涌现了众多优秀创意和设计，在时尚、摄影、音乐、文化等各个领域都有“新中式”主题的诞生，是中国时尚发展到一定阶段的必然表现，并且还会持续不断地发展与演变为更丰富的多元状态。

传统文化的传承，不仅在于延续，更在于与时俱进，并且让年轻一代乐于接受。

2.艺术灵感

①服饰品牌SAMUEL GUI YANG：善于将带有神秘色彩的东方文化与西方元素巧妙融合，通过对中国文化的传承与全新演绎，诠释当代女性的内敛复古风格与现代气质（图5-32）。

②摄影师张家诚：热衷在摄影作品中审视和重塑中国当代文化，既有具象的承传也有浪漫的崭新表达（图5-33）。

图5-32　SAMUEL GUI YANG品牌

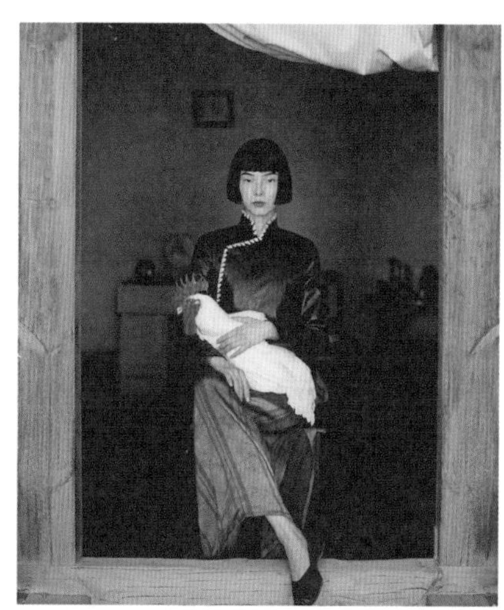

图5-33　摄影师张家诚

③彭薇：中国当代艺术家彭薇采用女性躯干纸雕作品对传统艺术进行了改造，她对画中的历史故事进行了重新想象，以女性角度来解读，她的作品既尊重又颠覆了传统，虽然她的画以传统的东方中式风格呈现，但是将艺术作品与西方时尚相关物品的结合，两种文化并置，是彭薇对全球化对中国传统文化影

响的关注与表达（图5-34）。

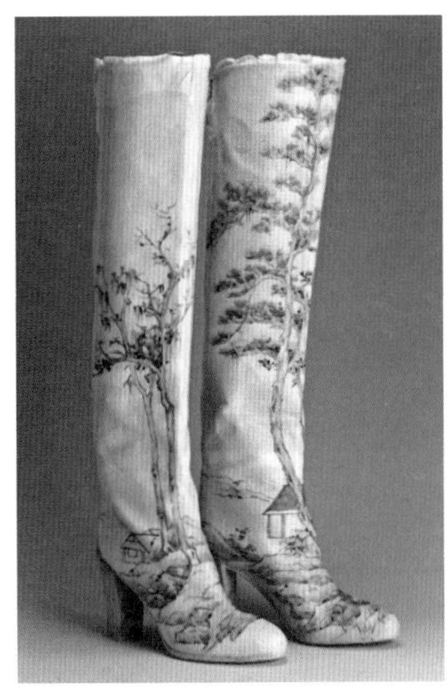
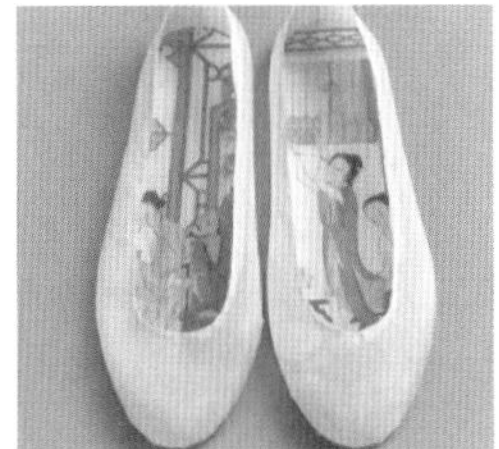

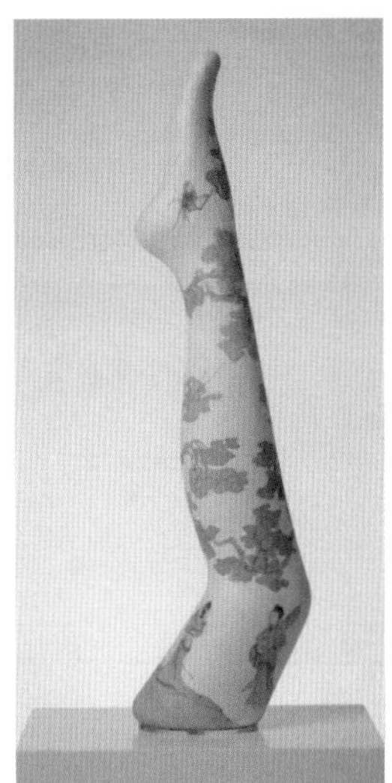

图5-34　艺术家彭薇设计作品

3. 色彩趋势

中式风在近几季强势回归，在前几季的国潮趋势下进一步发展升级，形式更为多样百变。也因此，本季的色盘更为丰富和具有戏剧性。整体以淡雅中性色为主，而明艳的优雅深红色和小苍兰黄色的出现，赋予色盘更为浓郁的中国风气息，既展现出中式淡雅高贵的一面，又不失活泼、俏丽和个性（图5-35）。

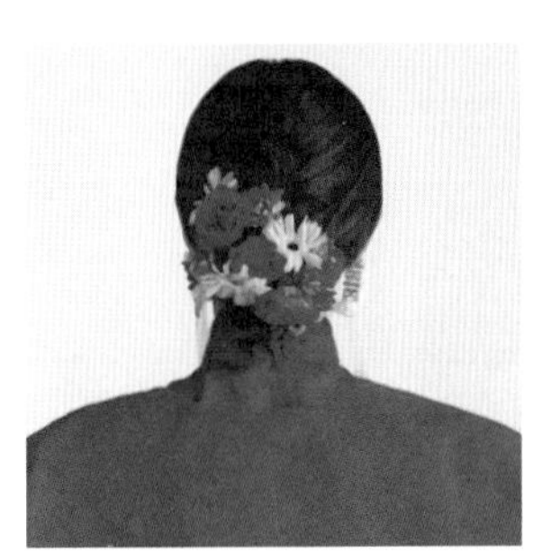

010-38-36
014-73-08
030-69-10
039-81-31
044-52-13

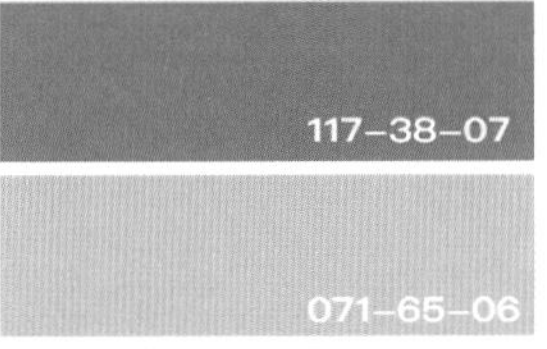

图5-35　“东方意蕴”色彩灵感源

4.图案趋势

①汉字变形、传统山水画、植物花卉：采用汉字变异重组设计，将传统山水画与西装套装组合，用钉珠绘制具有中国传统代表性的植物花卉，同时与立体贴布绣等工艺进行融合（图5-36）。

图5-36 “东方意蕴”图案灵感源1

②梅兰竹菊：传统梅兰竹菊，搭配柔软奢华的真丝材质自带垂坠和光感，可将内敛提花呈现在哑光或光泽缎面上，结合垂坠感、飘逸感的丝感材质，采用手工褶皱和压花纹理表现效果（图5-37）。

图5-37 “东方意蕴”图案灵感源2

5.关键造型

全新的中式造型没有固定模板，不墨守成规，中西合璧融合得浑然天成，传统与现代元素信手拈来，可爱、中性、性感，风格多变，彰显年轻一代对传统文化的认同以及他们的多元审美和特立独行的个性（图5-38）。

图5-38 “东方意蕴”关键造型

6.女装流行款式应用

①镂空：镂空会使得整体变得不对称、更加抽象，为上衣和连衣裙赋予另类的立体感。玩转不同部位的挖空设计，并借助纽扣和条带实现着装者可自行调节露肤面积的目的（图5-39）。

②立领：在传统的立领上加入更多的设计，通过加高的立领和双层立领体现新意，而更加多样的现代装饰手法的融入，使立领在保留其韵味的同时，还能提升整体质感（图5-40）。

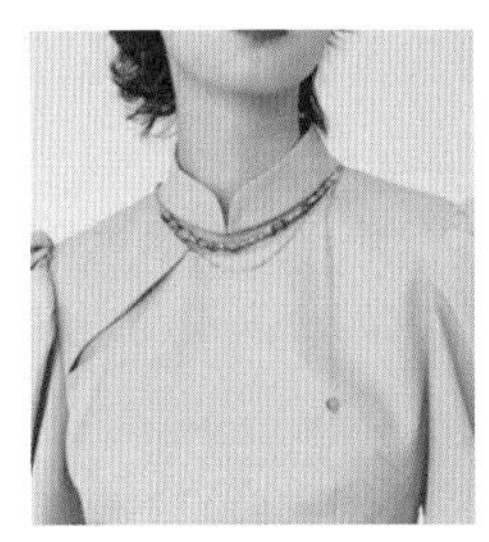

图5-39 “东方意蕴”镂空造型

图5-40 “东方意蕴”立领造型

③盘扣：与更加多元化、低调的廓型记忆面料搭配，盘扣的材质、大小、色彩、形状的变化更加丰富，使盘扣在运用时更引人注目，成为设计中的亮点（图5-41）。

图5-41 “东方意蕴”盘扣造型

④斜襟：通过结合剪裁设计和纽扣装饰而体现新意，超细纽扣的密集排列，让斜襟设计的效果更加突出，不对称感通过细节处的设计达到平衡，剪裁的镂空细节则使款式更具新意（图5-42）。

图5-42 “东方意蕴”斜襟造型

⑤中西结合：将中国和西方的服装语言代码进行融合，创造出一种能契合当今快速变化的时尚动态的语言，以对中国传统民族服装进行现代化的诠释，

再加上西方的剪裁艺术，让这些带有中国元素的设计变得摩登利落（图5-43）。

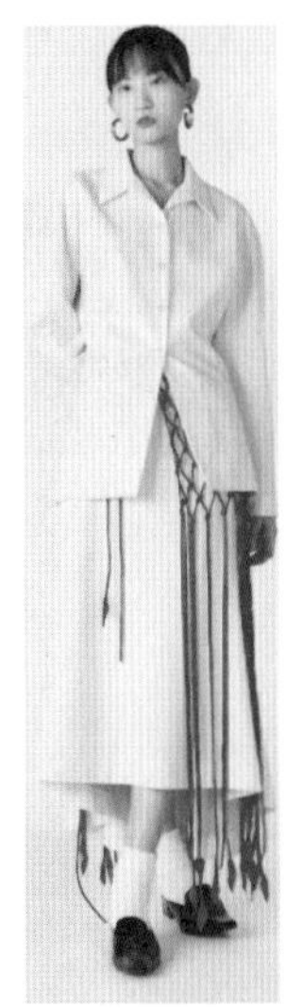

图5-43 中西结合造型，品牌：SAMUEL GUI YANG

⑥外套：外套品类是新中式趋势风格下的关键品类之一。以旗袍和马褂为基础，将极具特色的中式元素与西装元素相融合。织锦和刺绣等工艺提升单品质感；宽松或合体的款式、挖空或截短的设计，使该单品适合多年龄段的消费者（图5-44）。

图5-44 “东方意蕴”外套

⑦上衣：实用宽松廓型，搭配少量元素点缀，在设计上留白的处理更显清雅闲适；在一些款式细节上可以增加巧思设计或者以实用辅料进行点缀（图5-45）。

⑧中式西装：将中山装进行现代化改良，与宽肩西装廓型融合出更具中性气质的外观，融合现代审美与传统元素，盘扣、国风印花和提花织锦为造型增添了个性化细节（图5-46）。

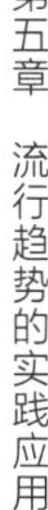

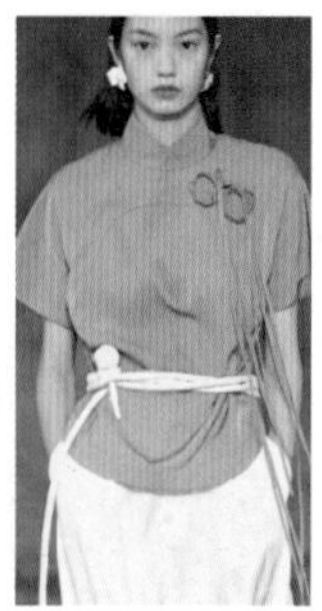

图5-45 “东方意蕴”上衣

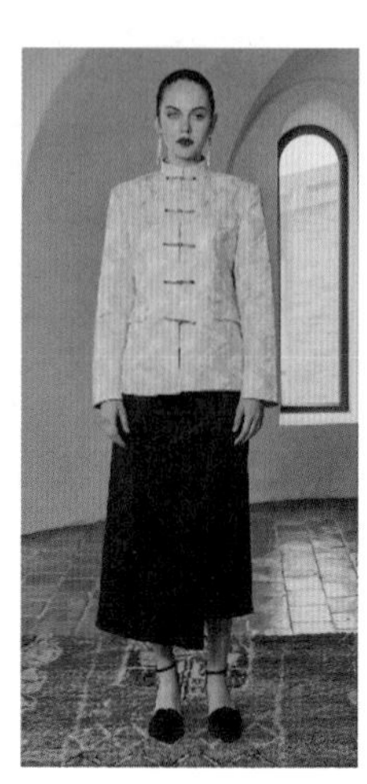

图5-46 “东方意蕴”中式西装

⑨连衣裙：是该趋势下的重要单品，丰富的细节设计，如金属辅料、考究工艺、垫肩、挖空、绑带等，可以用来翻新传统旗袍样式，也可以尝试使用突破常规的材质给人耳目一新的感受，比如牛仔面料的加持会让温婉的旗袍瞬间变身潮人必备的个性单品（图5-47）。

图5-47 “东方意蕴”连衣裙

⑩旗袍新貌：新国风的流行使得改良旗袍的热度持续上升，将盘扣和旗袍

立领元素融入修身的针织单品，将东方元素带入日常穿着中；侧开衩、交叉领的细节设计将东方的含蓄柔美和性感元素融合（图5-48）。

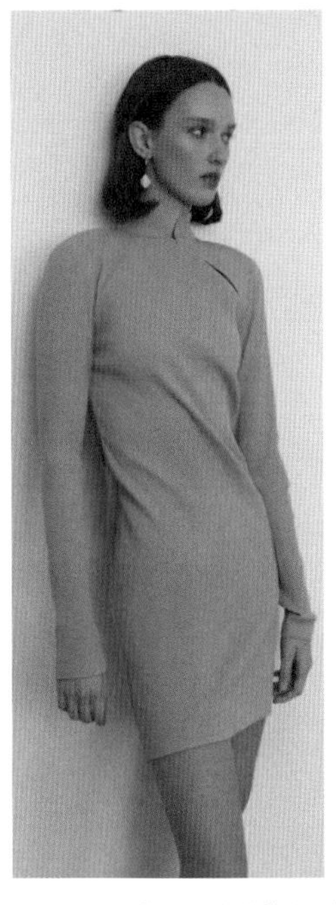
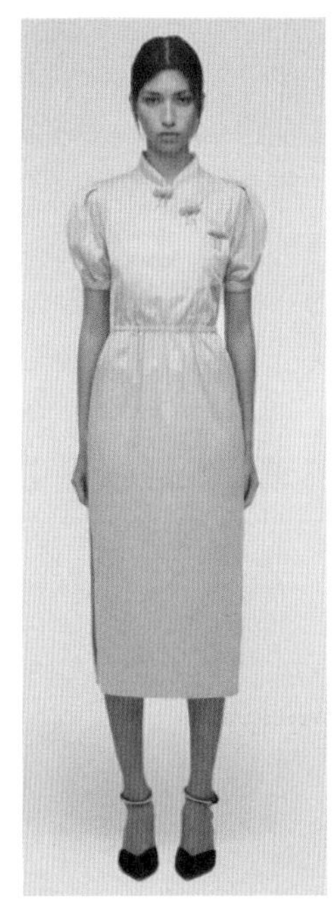

图5-48 “东方意蕴”旗袍新貌

7.男装流行款式应用

①中式交叉、绑带：传统Y形交叉款式以绑带交叉固定门襟，可将其运用于正装、户外服装当中，带来塑造跨风格多元化的造型（图5-49）。

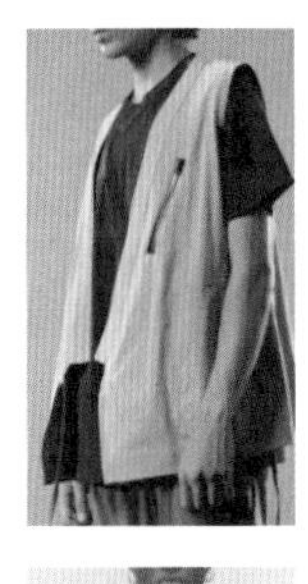

图5-49 “东方意蕴”中式交叉、绑带

②交叉领融合：将正装衬衫领、驳领用于门襟设计中，加宽门幅并融入中式交叉领设计，采用单个扣子固定，实现了多元化的融合（图5-50）。

图5-50　“东方意蕴”交叉领融合

③立领外套：传统的中式立领融入了更多西式的剪裁技法，微落肩的T形廓型，展现出摩登的中式味道，而更加多样的现代装饰手法的融入，使立领在保留其韵味的同时，还能提升整体质感（图5-51）。

图5-51　“东方意蕴”立领外套

④宽松外套：实用宽松廓型，通过古韵的中式门襟的变化处理，让服装更好地传达出东方的禅意；在中山装的廓型感基础上，通过截短的设计手法，让整体更有现代感（图5-52）。

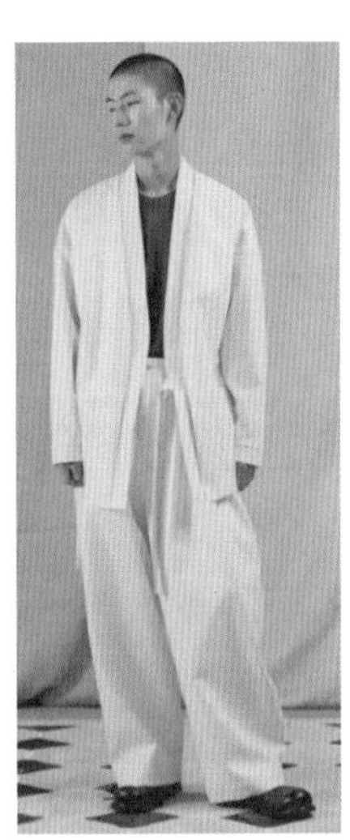

图5-52 “东方意蕴”宽松外套

⑤圆边侧衩衬衣：从中国长衫中吸取灵感改良而得，保留其精华，营造整体视觉上的修长挺拔感，同时还保留穿着的舒适度，侧摆开高衩，融入现代化的裁剪，使款式更有新意（图5-53）。

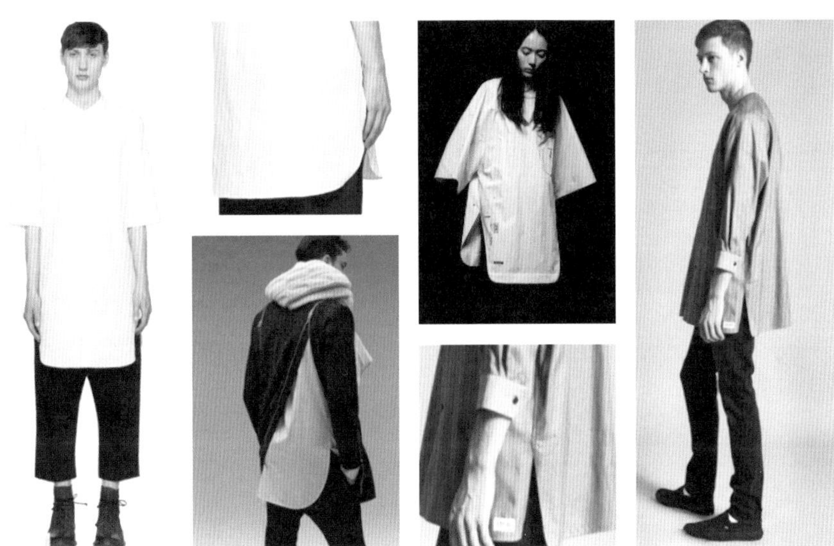

图5-53 “东方意蕴”圆边侧衩衬衣

（四）主题企划三：原生之境

1. 灵感主题

新冠肺炎疫情引起的市场经济低迷、环境恶化，让人们对地球的认知从无

限掠夺到由衷敬畏，人们关注的重点已经从是否要更加环保，转为考虑什么才是可持续发展的最佳方式。这种观念的转变让环保变得不再像是一句口号，也让大众在健康和经济市场等各种因素中重新选择（图5-54）。

关键词：环境、环保、可持续性。

图5-54 “原生之境”灵感图

原生之境主题推崇天然、传统、社群等能够让人们紧密相连的事物，并探寻它们将如何引导人们迈向未来。在不安定时期，自然显示出强大的凝聚力与治愈力，这个趋势主题探索了人与自然共生的关系。人类可以自由地探索自然，而自然也可以与人们的空间和产品相融合。原生态材料和成分为设计带来灵感，天然图案、面料和色彩的浪漫质感也引发关注。

自然、舒适与包容性设计在原生之境主题中相互融合，带来彰显“化繁为简”理念的经典质朴风格。崇尚经典材质和匠艺细节，迎合消费者与大自然重建联系的需求。

①以自然为灵感，同时兼顾环保；以可持续性为基础，探索自然主题，并通过天然环保染料、材质以及对库存的再利用和升级再造策略，打造原生态质感。

②舒适至上：市场进一步向前卫的宽松款式转化，无论是休闲单品，还是西装皆呈现出轻松实穿的风格特征。

③秉承“化繁为简”理念来打造产品：模块化衣橱的日益流行对经典百搭性提出要求，侧重可持久的耐用产品，使单品可随意搭配。针对注重价值、百搭性和耐久性的消费者，预测他们的新需求。

④包容性设计：让更多人平等地使用产品，抛弃对用户做出狭隘的假设，对性别、体型，甚至穿着的场合都完美地包容，把多样性完美地融合在一起。

近年来，环保理念将渗透到职场、生活的方方面面。人们在无数次地冲动消费之后开始反思，希望购买的物品更有价值，更实用耐穿，不会轻易被潮流左右。与此同时，人们也对企业有了更高的要求，企业的透明度、可持续环保的态度，都会影响消费者对企业的判断。希望购买品质优良、美观实用又符合环保要求的单品。因此注重透明度和可持续性环保的企业将会有更好的发展，同时更易受到消费者的认可。

2. 艺术灵感

以乌克兰敖德萨市的海滩酒店概念设计为例，崎岖的岩壁和温泉风格的浴缸是这个酒店房间的特色。该设计使原生自然与现代生活完美结合，把原始的触感、触觉完美地保留下来，反映了自然界的艺术性，让产品看上去有不可复制性（图5-55）。

图5-55　敖德萨市海滩酒店

3. 色彩趋势

新冠肺炎疫情的影响使消费者的焦点转向具有持久吸引力的投资单品。当持久性成为新常态的一部分，人们将更加关注精致且更具创意的核心色彩搭配。灰色调的黏土粉与浅染中性色为经典男装调色板增添时尚气息，同时也顺应了人们对健康的渴望（图5-56）。

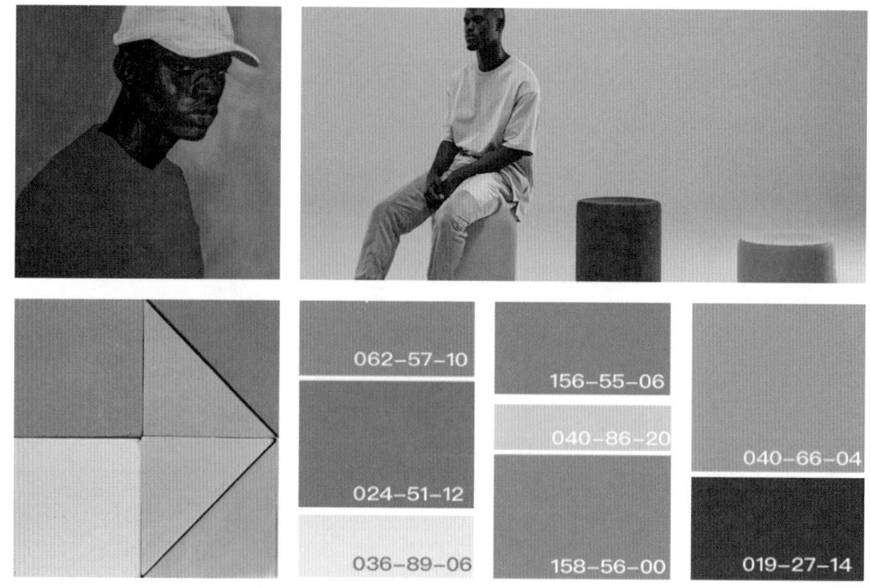

图5-56 “原生之境”色彩灵感

4. 面料趋势

①天然纤维：采用天然纤维面料和环保型材质，如棉、麻、真丝、雪纺等，舒适亲肤，结合大自然的纹理感或粒状肌理等细腻纹理，迎合少而精的理念和对舒适度的专注，还原那些经过时间考验、并非完美无瑕的质朴触感（图5-57）。

图5-57 “原生之境”天然纤维面料灵感

②回收重塑面料：将服装反向处理变成纤维，从而对其进行重塑，并推动升级再造美学，将废弃物变成循环混纺面料，纤维、纱线选择具有后续可回收性的再生纤维混纺和磨光纱线（图5-58）。

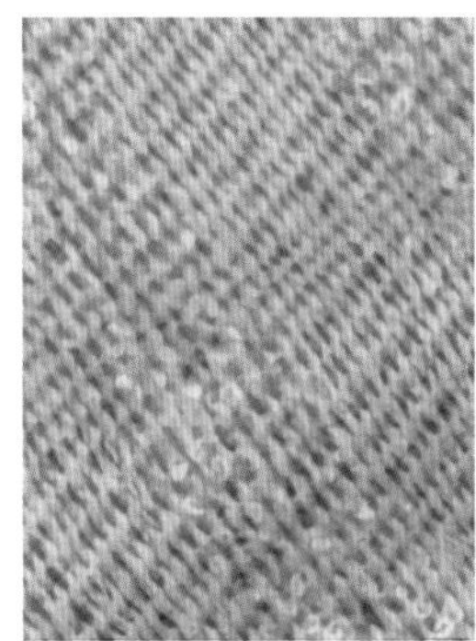

图5-58 “原生之境”回收重塑面料灵感

③细菌纤维素与海藻创新环保面料：对海藻重建，使之成为维持光合作用的活纤维，经过多次尝试后，设计师达到了海藻制作外壳所需的精度，一方面允许材料转化为球体或纤维，另一方面允许气体交换和活体物质的延续（图5-59）。

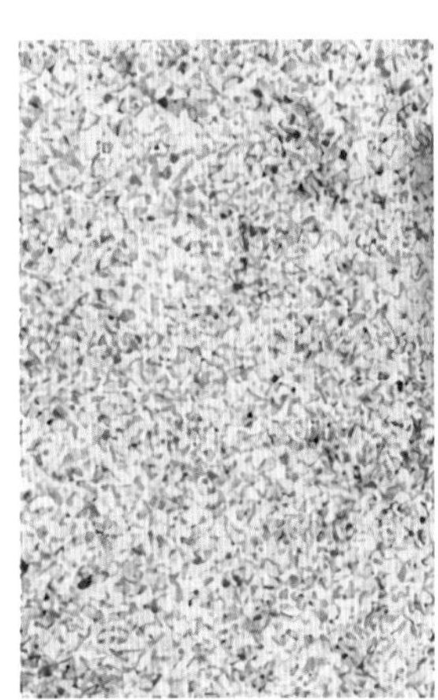
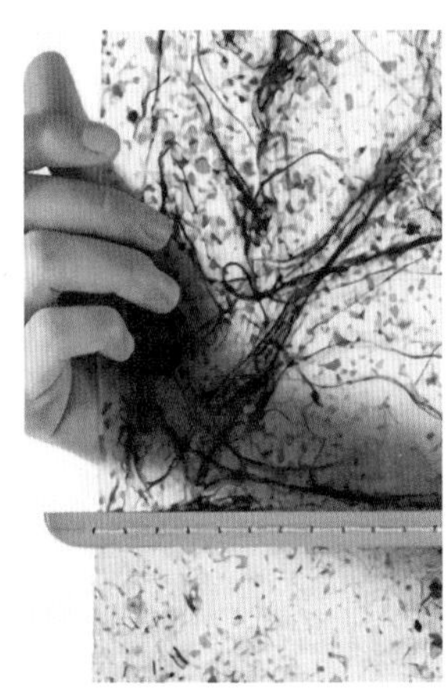
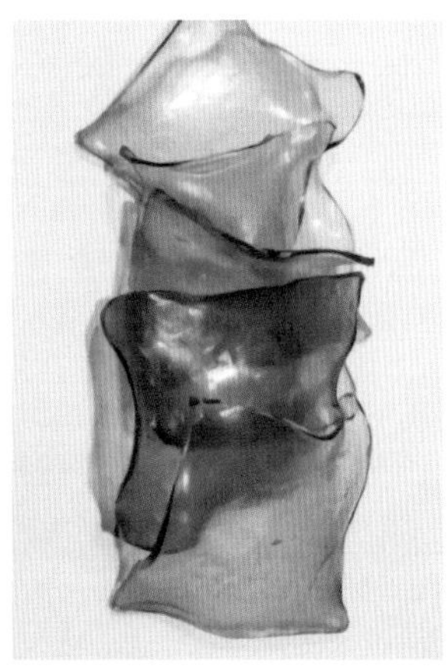

图5-59 “原生之境”细菌纤维素与海藻创新环保面料

5. 女装流行款式应用

①茧形香蕉袖：以蓬松的香蕉袖型点亮单品，打造出更加丰富的轮廓，其圆滑的弧度修饰手臂的线条，简约而不失个性，将服装打造得更加立体（图5-60）。

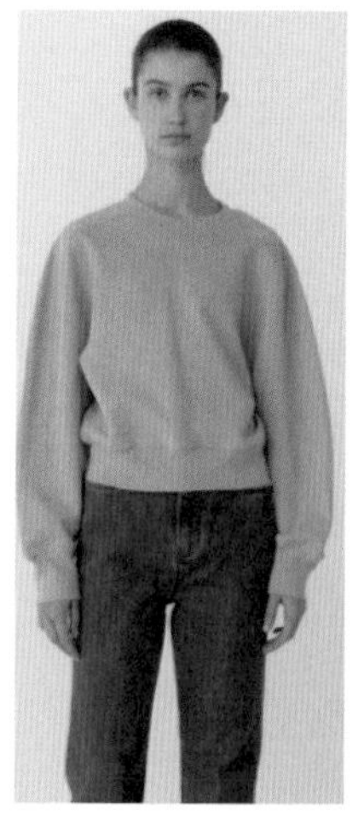
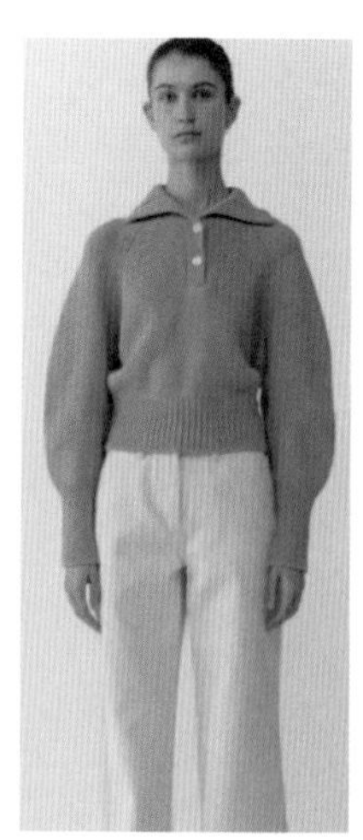
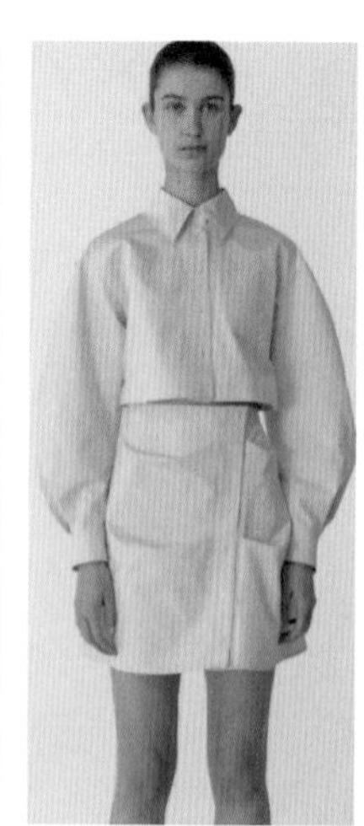

图5-60 “原生之境”茧型香蕉袖

②长度截短：以截短的长度突显腰线，高腰线设计有修饰身材比例、拉长腿部线条的作用，截短设计以肩部结构与箱形量感呈现（图5-61）。

图5-61 “原生之境”长度截短

③比例放宽：运用男性化剪裁打造不合身的宽肩西装，宽厚的肩部凸显女性力量，可运用收腰的裁剪，减弱笨重的量感（图5-62）。

④下摆加长：加长下摆的西装，打造大衣式的外观，增加产品的包容性（图5-63）。

图5-62 “原生之境”比例放宽

图5-63 “原生之境”下摆加长

⑤极简塑造：修长简洁的廓型设计是增强整体气场的最佳元素，纯净的色调赋予服装一丝温柔的气质，腰带以及排扣点缀增强了整体的精致感，让强势和温柔融合在一起（图5-64）。

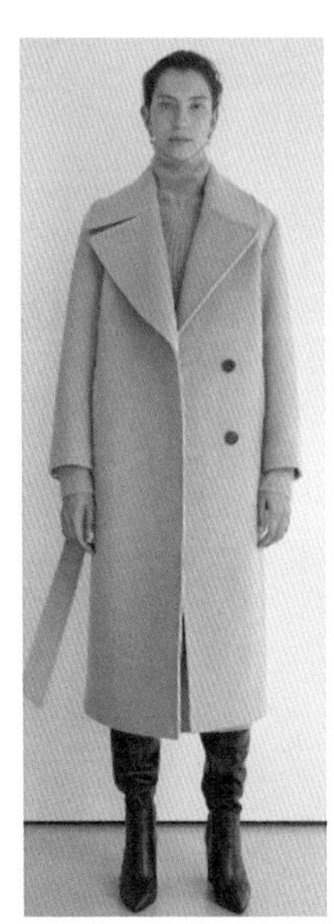

图5-64 “原生之境”极简塑造

⑥简约风衣：直身剪裁的经典风衣，采用轻薄的肌理面料，硬朗利落的廓

型与线条，将自由感彻底释放，结合腰带装饰设计，不仅增强了风衣的时尚感，也更具有实用性。突出亦柔亦刚的强大气场，刻画极简主义的优雅（图5-65）。

图5-65 “原生之境”简约风衣

⑦西装套装：采取简约沉稳的配色，展示自然轻松的通勤造型。成套搭配的西装套装更显专业性，截短收腰西装与配套的西装短裙，彰显出职场女性优雅又果断的气场。假两件门襟西装设计，塑造出带有结构设计感的时髦都市造型（图5-66）。

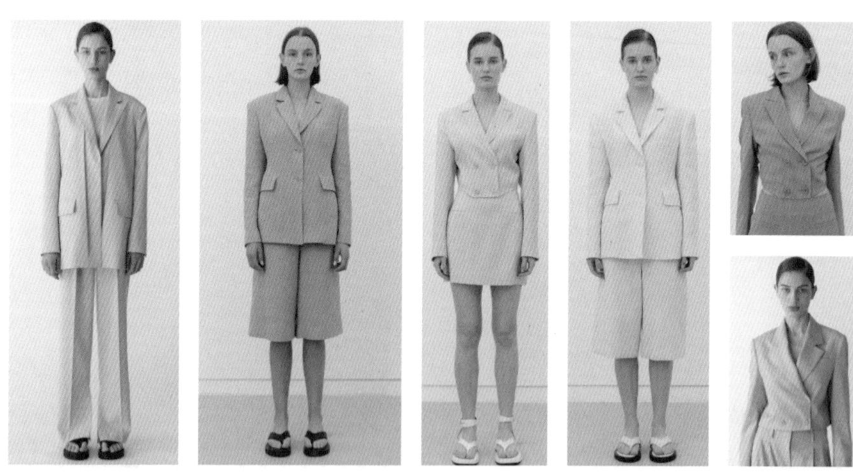

图5-66 “原生之境”西装套装

⑧箱形夹克：箱形夹克以简约利落的廓型结构传递女性力量感，结合干练的直角肩与截短设计，打造出修长的高腰线穿搭风格，松弛的廓型又彰显严谨

干练感，极简的线条简化多余烦琐设计，是轻松又休闲的造型（图5-67）。

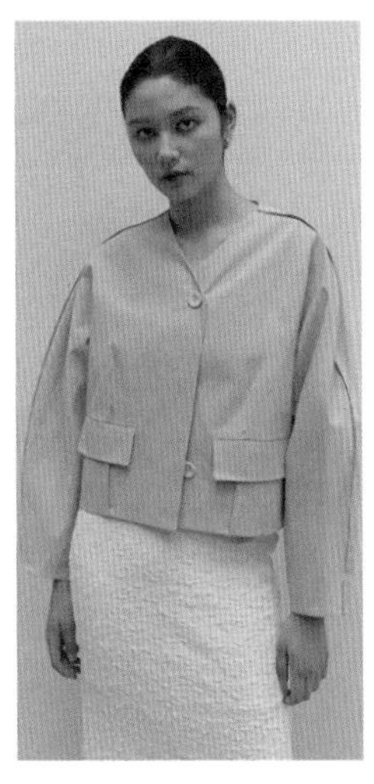

图5-67 “原生之境”箱形夹克

6. 男装流行款式应用

①X形廓型西装：X形轮廓成为本季定制西服的突出轮廓，这一剪裁强调了男女装界限模糊的趋势，彰显如今越发多元化的审美。巧妙勾勒的腰线、硬朗的肩线、精致的剪裁细节让西装整体造型更为优雅与利落。选择中性高级灰与精纺的格纹面料，尝试在拼接连接部点缀毛边、线迹等，与精致廓型对冲打造出独特的摩登质感（图5-68）。

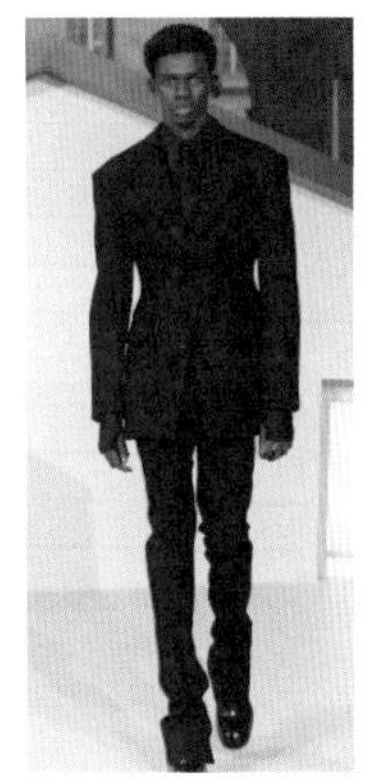

图5-68 “原生之境”X形廓型西装

②罩钟形短夹克：在空军夹克、棒球夹克等款式基础上改良，移除下摆处松紧带、罗纹、抽绳等收紧下摆的设计，配合落肩的设计与竖直垂落的下摆，使整体呈现一种类似钟形的罩衫设计。尝试搭配垂坠感良好、顺滑的丝绸感面

料，无束缚的下摆在地心引力的作用下呈现一种类似荷叶边的效果，宽大的比例结构为造型增添一种独特的现代优雅感（图5-69）。

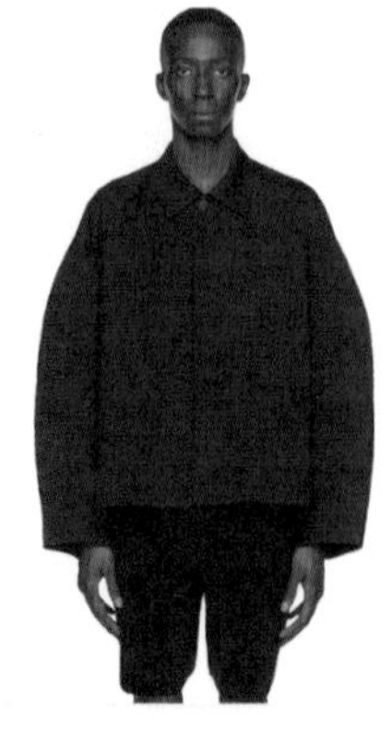

图5-69 “原生之境”罩钟形短夹克

③直筒裤：垂感直筒裤作为能够兼容居家和通勤风格的单品在本季大放异彩，居家休闲的百搭款式更为适销，柔软垂坠的面料作为设计关键，叠片式门襟的应用为常规款增添新意，通身同材质的穿搭手法也值得关注（图5-70）。

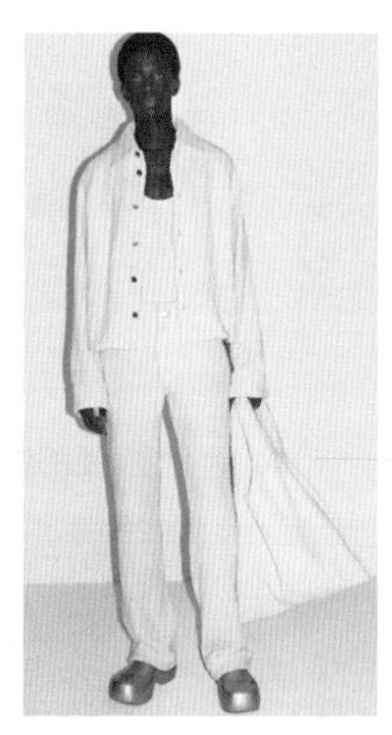

图5-70 “原生之境”直筒裤

结　语

本书完整地介绍了服装整体环节中较为前置的趋势整理分析与设计企划环节的方法论，希望能对未来立志在服装行业努力的读者有所帮助。最后借用日本设计师川久保玲的话来结束此书："什么都不观察，就能创作，这是不可能的。"服装是个直面消费者的行业，一切创意的原点，都以能满足消费者的内心为核心，只有不断地洞察趋势、洞察消费者们，才能获得源源不断的灵感。希望能对大家有所启发，在此祝大家的未来越来越好。

参考文献

[1] 陈彬.时装设计风格 [M].2版.上海：东华大学出版社，2016.

[2] 穆慧玲.服装流行趋势[M].上海：东华大学出版社，2019.

[3] 格温妮丝·霍兰德，雷·琼斯.服装流行趋势预测 [M].赵春华，钱婧曦，周易军，译.北京：中国纺织出版社有限公司，2020.

[4] 吴晓菁.服装流行趋势调查与预测 [M].北京：中国纺织出版社，2009.

[5] 赵刚，张技术，徐思民.西方服装史 [M].3版.上海：东华大学出版社，2021.

[6] 华梅.中国服装史（2018版）[M].北京：中国纺织出版社，2018.

[7] 赵平.服装心理学概论 [M].3版.北京：中国纺织出版社有限公司，2020.

[8] 苗莉，王文革.服装心理学 [M].2版.北京：中国纺织出版社，1997.

[9] 迈克尔·R.所罗门.消费者行为学 [M].杨晓燕，译.12版.北京：中国人民大学出版社，2018.

[10] 杰米·詹姆斯.波普艺术 [M].凌晨，译.长沙：湖南美术出版社，2018.

[11] 罗尔夫·托曼.哥特艺术 [M].李佩宁，等，译.北京：北京美术摄影出版社，2013.

[12] 王慧娟，李海涛.服装造型设计 [M].北京：化学工业出版社，2009.